曹克亭 著

山林漫步
—— 曹克亭盆景、中国画、奇石集

中国林业出版社

图书在版编目（CIP）数据

山林漫步：曹克亭盆景、中国画、赏石集 / 曹克亭著. -- 北京：中国林业出版社，2024.4
ISBN 978-7-5219-2638-5

Ⅰ.①山… Ⅱ.①曹… Ⅲ.①盆景-观赏园艺②中国画-作品集-中国-当代③观赏型-石-鉴赏-中国 Ⅳ.①S688.1②J222.7③TS933.21

中国国家版本馆CIP数据核字（2024）第048485号

封面题字：杨士林
摄　　影：李家富
责任编辑：张　华　贾麦娥
装帧设计：刘临川

出版发行：中国林业出版社
　　　　　（100009，北京市西城区刘海胡同7号，电话83143566）
电子邮箱：43634711@163.com
网址：www.forestry.gov.cn/lycb.html
印刷：北京博海升彩色印刷有限公司
版次：2024年4月第1版
印次：2024年4月第1次
开本：635mm×965mm　1/16
印张：15
字数：338千字
定价：298.00元

序一

"与石结缘，以石会友"。我与克亭相识于20世纪90年代初的北京一次全国石展上。通过深入的交谈，感知他对盆景、赏石及绘画艺术均有见解，他豪爽的性格，自谦、探索、求新的态度，给我留下深刻的印象，我将其视为知己。三十多年来，我们以"石友为师"交往频繁，我一直欣赏、扶助、关注他在盆景、赏石及绘画艺术的尝试和成果。在《山林漫步——曹克亭盆景、中国画、奇石集》出版之际，他请我作序，我欣然同意。

盆景艺术、赏石文化、中国山水绘画，是克亭的"三驾马车"。他尤以盆景艺术为长，并取得了丰硕成果。这源于他始终遵循师法自然，重视实践，再把中国的传统文化与盆景、绘画相互交融，互通互用，把中国画理应用到盆景的创作之中。如，他创作的山水盆景《山水清音》是他在桂林写生时所悟出的一种创作的灵感。一般的山水盆景、水旱盆景，由于盆面的限制，只有一个空间画面，而他巧妙运用"石"的特点，将山水盆景和水旱盆景相结合，把"石"组合成上下两层，产生两个空间：上层以树为主，树的组合错落有致，富于变化，生活气息浑然天成；下层的水面白帆点点，渔家落日而归，将一幅优美的画卷植于方寸之间的盆中，将有限的盆面布局出无限的水面空间，使人们对自然、对美产生无限的遐想。《山水清音》的创作成功，给当今的山水盆景和水旱盆景的制作开创了一个新的模式，先后在各类展会评选参展，并在首届中国盆景艺术家协会（CPAA）中国（靖江）山水组合盆景国家大赛中荣获铜奖。

据我所知，克亭是较早涉足玩黑松的。他的家乡安徽省蚌埠市周边县区山上有很多黑松，他多次上山对黑松进行考察，发现有些黑松被农民砍伐后又重发了新的枝干，有的是被羊啃食过的"残桩"。他认为这些"残桩"是制作黑松盆景的良好素材，想利用这些资源来发展黑松盆景。

40多年前，松柏盆景的栽培技术无论在理论上，还是在实践操作上，可查阅的资料甚少。当年，我作为世界盆栽友好联盟的首届中国理事时，曾出席过多次国际会议及盆景展，回国后也与克亭多次交流，共享别国所长而获益。

几十年来，克亭在盆景制作上的重点都放在松柏盆景的探索和实践上，特别是对黑松盆景的创作。他利用当地山采黑松的"残桩"，充分吸收国内外的栽培管理技术，在造型上，把中国传统盆景的技艺和个人创作的理念相结合，注重作品的层次，重在取"势"，使作品"师法自然"。他在选材上不拘一格，在造型上尽可能保持原桩的"野"性，最大限度发挥出它们的特点。故，在他的园子里，经他制作的上百盆黑松盆景中，很难找出雷同的作品，给人们呈现出"一树一景"、丰富多彩的盆景世界。盆景，被称为"活着的艺术品"，在他这里更加形象和具体化。

他在对黑松盆景制作的摸索和实践中，没有现成可借鉴的经验与技术，靠的是他对松柏盆景制作的酷爱，对盆景艺术执着的追求，从理论和实践上，进行了大胆的探索和不断的总结，并将这一过程进行详尽记载，把对黑松盆景制作的技艺和心得体会撰写成文章刊登在中国盆景艺术家协会的刊物上，供同行们借鉴参考。翻开这本画集，大家能够看到他对每一棵树桩，从下山到栽培，从盆景创作到对盆景的命题等，都有文字的记载和描述。从中不难看出，克亭为松柏盆景艺术的探索、研究、制作多年来所付出的艰辛与汗水。

　　克亭除了在盆景制作上有很深的功力，更注重对盆景文化理论上的研究。为了更好地提升自身文化的修养，1986年他进入中国书画函授大学，系统学习了中国画论和画法，并应用到盆景理论的研究和创作上。他十多次上黄山写生，寄情山水，追梦艺术。他画黄山三十多年，他笔下的黄山有自己的风格：山，峻峭陡壁；松，苍劲多变；云海，翻腾涌动；朝霞、夕阳……在他的画面中尽显风采。近年来，克亭又多次去太行山写生创作，他的画风又变了。他将黄山的俊秀与太行山的雄姿相结合，将太行山的山水瀑布、村落融入画里，画出的山水画面更加雄伟壮观，更有生活的气息。克亭无论是在盆景的制作上，还是在绘画中，都秉承着"师法自然"的原则。他多年来坚持到大自然中写生，大自然的山、水、树、石，都铭刻于他的脑海中，使他在创作中得心应手，在他的作品中都能够看到"盆中有景，景中有画"的意境。

　　树，是有生命周期的，自然规律即是如此，盆景被赞为"无声的诗，立体的画"。如何将一盆好的作品留存于世，传承中国盆景文化？克亭萌生了用画笔将当代精品盆景画出来的想法：一是让更多的人认识盆景，在更大的范围宣传盆景；二是运用国画艺术的手法，让画出的盆景更加漂亮，从而进一步升华盆景艺术形象，使画出的盆景能较好地保存流传。

　　他耗时一年，将中国盆景艺术家协会举办的"中国鼎"盆景展中120盆精品作品，用国画的手法绘制，并请著名的书法家为每一幅盆景画配文题款，为每幅作品进行了手工装裱成轴……可见这一创作的过程饱含了克亭对盆景艺术的多少情愫。这批盆景画，于2022年10月在第十二届中国·如皋花木盆景艺术节首次展出，并得到较高的评价。参观者普遍认为：以书画艺术的形式表现盆景艺术，盆景与书画相结合，使盆景文化得到进一步的提升，走向更高的领域。

　　几十年来，克亭用画笔描绘了祖国的大好河山；在赏石方面他目前是中国观赏石国家一级鉴评师，他用双脚踏遍了产石基地；美景藏于胸，他用汗水浇灌了盆景作品。他把在盆景艺术创作、赏石文化研究、中国山水画创作中，多年积累的经验、心得体会，整理出书留给后人，任人评说，我觉得很有意义，从专业角度可赏可鉴，值得品味收藏。

　　作为知己，祝愿克亭永葆艺术青春，创作出更好更美的作品奉献给社会。

苏雪痕

2023年9月30日于北京

序二

在盆景界的一些刊物上，我曾经看到过许多关于"如何将书法绘画艺术与盆景艺术巧妙结合起来或者说如何将中国传统文化中的诗词绘画艺术体现在盆景作品中"的论述文章。

关于这一论述，或许一些观点在盆景界内还没有完全形成一种固化的文化艺术的认同。但是，这一论述至少得到了中国盆景艺术大师们的普遍认可。今后，如果在盆景界能够得到普遍认同，那中国盆景艺术的文化内涵将会更加丰富多彩。

曹克亭先生在盆景界就是属于能够将盆景艺术文化研究和创作、赏石收藏和鉴评、中国山水画创作这三者巧妙地结合，互通互用比较好的艺术家之一。

"师法自然，外师造化"。为了不断提高盆景及绘画的创作水平，他多次深入中国的名山大川——黄山、太行山、神农架、长江三峡、桂林漓江……大漠戈壁的落日、金秋的胡杨林，特别是那黄山的奇松、怪石、云海、瀑布充满了他的精神世界。他笔下的黄山神奇锦绣、云海翻腾，令人叹为观止。

从1993年开始，他又专攻松柏盆景的研究创作。他再次走进大山，寻找所需要的素材，从选材、构思、造型，每一步都付出巨大的心血。他园子里近百棵松柏盆景都是20世纪90年代培育的，并都已培育了20余年，历经沧桑，现都初展风姿。

曹克亭先生多次跟我说过玩盆景玩的就是一个过程，这个过程是漫长的，盆景是两个生命的碰撞产生的艺术。在漫长的过程中有成功的喜悦，也有失败的教训，只有经历过的人才明白，只有成功的经验才能传授给别人。曹克亭先生在几十年的绘画创作过程中，对中国的传统盆景文化也更加喜爱、追求，再加上他多年深入自然"外师造化"，对黄山松的生长环境、形态有着深刻的认识。因此，他创作的松柏盆景打破常规，个性突出。拜黄山万棵松树为师而取其一棵，他创作的黑松盆景作品《心境》从选材到创作成型，经历20年，作品取动势以展现松树的精神，苍劲有力，立于山崖，搏击风霜，傲骨千年。

曹克亭先生的军旅生涯，造就了他忠诚的性格。他是中国盆景艺术家协会创会至今最年长的成员之一，任劳任怨，严谨认真，待人忠厚，谦逊不讲报酬，原则性强，把毕生的精力、时间都用来追求他所热爱的艺术。

祝愿今后他永葆青春，在盆景绘画艺术的创作道路上越走越宽广，并取得不俗的艺术成就。

苏本一

2017年4月于天津

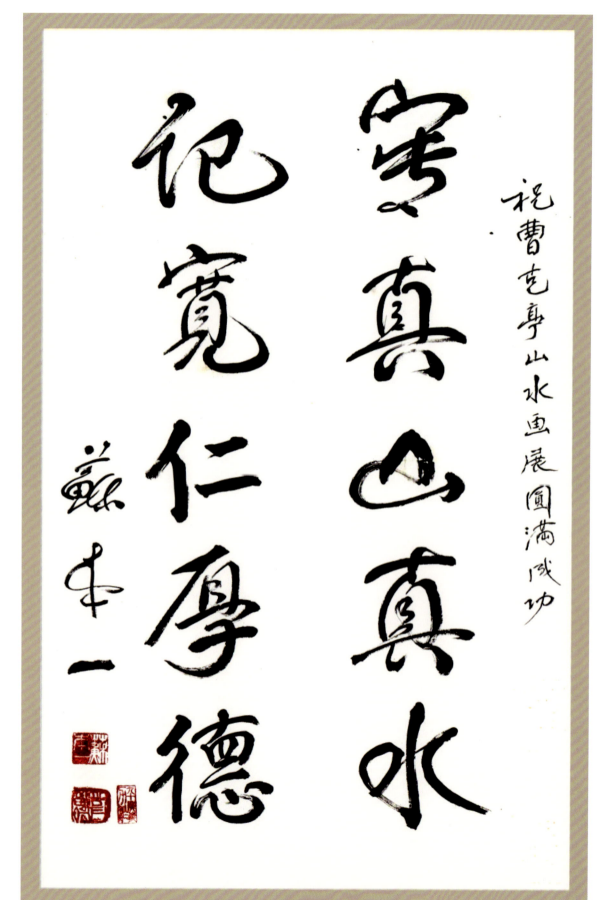

苏本一先生给曹克亭先生题字。
写真山真水，记宽仁厚德

前言

在华夏五千年的文明历程中，中国书画艺术、盆景艺术、赏石文化，自魏晋六朝始至唐朝成熟，在随后的发展进程中，铸造了中华文化艺术的座座丰碑，为中华优秀传统文化发展奠定了坚实的基础。

书画、盆景、赏石是姐妹艺术，相融相通，同根同源。从宋代的《十八学士图》到历代的传世书画作品中，我们可以窥看到盆景、赏石在绘画中成熟造型的身影。

从鸦片战争到新中国成立前，在这一百多年历史进程中，战争和贫穷使中国满目疮痍，中国传统艺术中的盆景和赏石文化受到很大的摧残和破坏。

新中国成立后，中国的传统文化艺术得到全面复兴。特别是盆景文化艺术得到了老一辈国家领导人的重视。"高等艺术、美化自然"，这是陈毅元帅在四川成都视察公园时对盆景艺术的高度评价。由此，也使中国的盆景文化艺术得以复兴并快速发展，才有了今天的大好局面。

人生，成长的过程和发展，往往不为个人的意志所左右，有时是时代和事物的发展迫使你做出改变，而改变后的成功或失败，取决于你是否坚持做到持之以恒！

从艺之路源于自然

1948年，我出生在一个贫穷的工人阶级家庭中。三年困难时期，我过早失学，在一家油漆店做了学徒，在学徒的过程中接触了一些传统的工艺和书画艺术在油漆漆艺里的应用，使我对书画艺术产生了浓厚的兴趣。

1965年年末，我入伍参加了中国人民解放军，经过专业的培训学习，成长为一名汽车兵。八年的军旅生涯是我人生成长最重要的时段。在这所"学校"里，不仅磨炼了个人意志，而且我的文化水平得到了很大提升，这为我以后的盆景、赏石、绘画艺术提供了客观的引领之路。

1969年，我在驾训队做助教时随队来到皖南山区，在进行山路驾驶训练时住在黄山景区的汤口镇，这是我有生以来第一次登上美丽的黄山。从那时起，我就迷上了"大美黄山"，被它那美轮美奂的松、石、云、雾所震撼！随着对徽州古文化、古民居、古建筑的了解，我后来的艺术发展之路也找到了源头。

1973年，我退伍回到家乡蚌埠市，被分配到交通局下属的汽车运输公司。在这期间，我驾驶着大货车运送物资，走遍安徽的山山水水，也有了更多机会游览安徽的自然美景。在一个偶然的机会，与一位好友去山里挖野树桩回来制作盆景，从那时起，我开始玩起了树桩盆景。每到冬春只要去山里送货，总要带上朋友一起进山采集树桩，几年下来，我也成了一位业余盆景爱好者。

转岗创业，走上专业盆景艺术之路

1979年，由于当时社会上青年人就业比较困难，政府鼓励各单位自办以"知青"为主体的经济实体，自行解决单位职工子弟就业问题。当时的交通局局长也是位盆景"发烧友"，找到我说：经局党委研究，为解决交通系统子女就业问题，决定由我负责创办交通局知青花圃（后经工商局注册为蚌埠市新艺花圃）。就这样我被赶鸭子上架，从此走上了专业盆景艺术之路。由一名业余盆景爱好者转变成为专职的集盆景制作、苗木种植、园林设计、绿化工程为一体的花圃厂长。这也是我职业生涯的一大转折。

在我人生后半段的几十年中，以盆景制作、园林设计施工为主，同时收藏奇石，学画中国画，拜北京林业大学苏雪痕教授为师，学习中国传统盆景制作及奇石鉴赏。

我自幼喜欢画画。但真正使我拿起画笔，是我有缘结识当代画虎世家光相磐老师。他是安徽省著名画家光元鲲之子，擅长画虎和山水画，是我学习中国画的第一位启蒙老师。从临摹《芥子园画谱》开始，画白描、练线条……在老师的指导下，我进步较快。1986年，老师又推荐我入读中国书画函授大学书画专业学习。在这期间，担任皖北片区的指导老师为蚌埠市知名书画家张宽、邵建、杨士林、张乃田等。经过3年系统的学习，我在专业绘画理论和技能方面收获颇丰。同时，我与4位指导老师结为了良师益友，在三十多年的交往中，他们对我绘画艺术的关心、指导和教诲，其影响是深远的。

师法自然，外师造化

黄山是一座神奇的山。奇松、怪石、云海、温泉为黄山"四绝"，名冠天下。

在中国画发展的历史中，只有安徽产生了以黄山为主的黄山画派，以渐江、程嘉燧、郑重、查士标、梅清、石涛为代表的黄山画派均借景黄山，开启明清山水一代新风，并成为当代黄山画家的优秀传统。

石涛曾以敬畏的口气评说渐江"公游黄山最久，故得黄山之真性情也"，即一木、一石皆黄山本色，丰骨冷然生活。还说渐江的黄山题材的作品，都来自自己的亲身感受，是写生之作。石涛面对这片黄山、这座神奇之山时则道出了"黄山是我师，我是黄山友"的感叹。

"黄山是我师，我是黄山友。"石涛这句名言成为我的座右铭。几十年来，我数次登临黄山写生，黄山的奇松怪石、日出日落、云海翻腾……都印入我的脑海里。

黄山松生长在石壁、峰顶，不惧风雪严寒，任凭雷电交加，与大自然拼搏。这就是黄山松的精神，是它激励着我这几十年对艺术的执着追求。

黄山松是我制作松柏盆景的范本。黄山的奇峰怪石是大自然造化天功神为，促使我对奇石产生喜爱并进行收藏。黄山市歙县的卖花渔村还是徽派盆景的发源地，以龙游造型为主的梅花、黄山松、圆柏等盆景从明代开始六百多年长盛不衰。在徽商等推动下，江南各大名园都有徽派盆景作品。

转战上海二次创业，再攀艺术高峰

上海是我国沿海最发达的国际性大都市，而我这一生两次（24年）客居上海。前八年是军旅生涯，后十六年是我后半生从事盆景、赏石、绘画艺术发展的重要阶段。

2001年孩子大学毕业到上海工作，出于对孩子的牵挂，刚好此时有个机会，上海浦东恒大花木世界初建需要招商。于是，我辞去蚌埠市新艺花圃厂长的工作，只身从安徽蚌埠来到上海，创建个人工作室——务本堂松柏盆景赏石美术馆。

创业之路的艰辛是可想而知的。但有家人的支持、朋友的帮扶，经过十多年的精心打造，在占地2700m²的美术馆内，以我培育制作的黑松盆景为主，加上榔榆、罗汉松、大阪松、黄杨、三角枫等树种的盆景共500多盆；园内建有奇石馆，馆内收藏的灵璧石、风砺石、英石、各类水石等奇石上百方；书画创作室内展现大美黄山的画作约百幅，作品多次入选国内各类画展。日本东京《诗刊》杂志的书画专栏连续发表我创作的黄山画作。2014年5月，在安徽黄山成功举办了"寄情黄山，追梦艺术"个人画展。2017年4月，在安徽蚌埠举办了"一路山水一路画暨菖蒲文化"个展。

收藏和经营奇石，为我开阔了眼界，使我广交天下朋友，丰富了人生。20世纪八九十年代，我主要以收藏灵璧石为主，但到了上海不一样，上海不产石头，但上海人玩的是全国的石头。经营奇石使我走遍了全国大多数的奇石产地。广西桂林、柳州，红水河两岸，大漠戈壁，胡杨余晖，大漠深处的敦煌、莫高窟……每到一处，我利用采购奇石的机会，既游览了名山大川，结交了很多的石友、画友、盆友，也有了更多的写生机会。外师造化、师法自然，成就了我的艺术发展之路。

中国传统文化中的精髓，就是要用时间来磨炼、来积累、来丰富个人的人生经历，提升文化修养。文化精神的积累又促成艺术创作的提高，使我一步一步走向艺术殿堂的高峰。

近几年朋友都建议我出本书，把这几十年对盆景制作、奇石鉴赏、绘画艺术的成功与失败予以总结，留存于世；或甘露、或润泽、或淹没，由后人感受评说，前人只是个过程罢了。

万物都在继承中发展着、超越着。前人虽然管不了后人的事情，却执着于那份"承前启后"！想想也是，如果前人不写书，后人何以知晓过去，知晓历史呢？

所以，西方人最感谢中国人的四大发明，如果没有中国人发明的纸、印刷术，就没有书的世界，也就没有今天我们所知晓的历史了。

今夏的高温时间长，现在还没有降温的迹象，趁着这高温时段室外实在没法作业，我静下心，在室内吹着空调，来完成朋友们的愿望，也圆我的梦。

在本书编辑出版之际，首先感谢已故的中国盆景艺术家协会老会长苏本一先生，对我从艺五十余年的关心与厚爱；感谢苏雪痕教授在百忙之中为本书作序。在我艺术成长之路，有幸得到了安徽省、市文化界书画艺术名家光相磐、张乃田以及已故的张宽、邵健老师，对我书画艺术的启蒙、关心及指导；特别感谢杨士林老师对我出书的大力支持，提出宝贵的意见和建议，并为本书题名《山林漫步》。

在此期间，我还有幸结识了寿山石雕刻篆刻工艺大师施宝林、林勋先生，他们先后为我制印数枚。同时，感谢绍兴市柯桥区政协原主席孟柏干先生，对我盆景作品的赏识；金祖定先生对本书出版给予的关心与支持……在此就不一一列举了。本书中提到的山采桩均为历史时期的客观描述，本人不提倡采挖野树桩制作盆景。

由于著者水平有限，书中难免有疏漏和不当之处，衷心希望各位老师、亲友、读者予以包涵并不吝赐正。

曹克亭
癸卯盛夏于龙凤山庄

目录

序一　003

序二　005

前言　007

壹　赏石兼盆景　皆能入画图　013

贰　曹克亭山水画展　125

叁　曹克亭灵璧石收藏展　171

后记　一山一树一人生——记曹克亭先生　234

買來老樹連盆活 縮得孤峰人座青
曾克耑作畫 李進千題

赏石兼盆景
皆能入画图

徐晓白题于扬州

当代中国松柏盆景
发展与制作

一、关于中国盆景的起源和形成

盆景艺术源于中国，它师法自然，是大自然景观的高度浓缩和升华，被人们誉为"无声的诗、立体的画"。它同园林艺术一样受中国传统自然山水诗、中国山水画的影响，追求诗情画意和深刻的内涵。

在阐述松柏盆景的起源之前，我们仍然应该对中国盆景的起源和发展做一些必要的分析：曾经为了证明盆景艺术"源于中国"，中国的盆景艺术工作者对中国盆景艺术的历史进行了研究，说"中国盆景的起源为距今一千多年的唐代"。它的重要依据是1972年在陕西乾陵发掘的唐代章怀太子墓壁画所描述的盆景形象图。这是我国盆景艺术发展早期的重要资料，在我国盆景文化史研究方面具有很高的学术价值。

盆景艺术是通过有生命的植物造型和布局来完成的。因此，对于盆景艺术的起源和发展史的研究，不得不借助于绘画、诗歌等艺术形式。我们只能说"章怀太子墓壁画"是在客观的历史条件下较早发现的与盆景有关的历史资料，但可能并不是"最早的"。随着我国考古工作的更加科学和深入，历史正在不断地被重新认识……

1986年前后，河北望都出土一东汉（25—220）墓，在墓道壁画上绘有一陶质卷沿圆盆，盆里栽有6枝红花，盆下还配有方形几座。这似乎已具备了植物、盆盎、几架三位一体的组合。仅从绘画来看，也许仅是盆栽，尚不具备艺术的内涵，但特别从几架的使用来看，当时已经把这种表现形式视为艺术品了。

近几年来的一些盆景艺术理论研究的文章中又有了另外一种说法：据现有考古、文献记载，中国盆景起源于东汉（25—220），形成于唐（618—907），兴盛于明清（1368—1911）。

笔者在从事绘画研究时，在有关资料中发现，我国的魏晋南北朝时期，在相关的然景理论研究中着墨不多的，而又有切实的资料证明这一时期确实与盆景有关。如果说中国盆景艺术的形成应为魏晋南北朝时期，这样就把中国盆景的发展史又向前推进了一个多世纪。

1986年4月，在山东临朐海浮山前山坳发现北齐古墓。墓主为北齐天保九年魏威烈将军长史崔芬（字德茂，为清河东威城人），墓四壁有彩色壁画，其中16幅都有奇峰怪石。有一幅描绘墓主人老年时生活的场面：背景为两块巨石相对而立，在树木掩映下成为一组优美的山石艺术，另一幅壁画描绘主人欣赏盆景的场面，在一浅盆内立着玲珑秀雅的山石，主人正在品赏盆景，神态如痴如醉，栩栩如生。

同期，山东青州发掘出一座北齐武平四年（573）的画像石刻，其中有一方"贸易商谈图"，描绘了主人与商人进行贸易商谈时互赠礼品的场面（该图右上角残缺），左方的主人端坐于束腰基座上，不卑不亢地注视着对面的客人。客人头发蜷曲深目钩鼻，身穿挂满玉佩的长衫，双腿半蹲，双手托一银质器皿送到主人面前。在客人的身旁站立着主人的随从，双手托一浅盆，盆中置一件青州怪石，该石应为主人回赠客人的礼品。

通过已经发掘的东汉、北齐古墓中发现的壁画和画像石刻来分析，这说明魏晋南北朝时期已有盆景欣赏和作为礼品的现象，可以视为盆景艺术的雏形。

宗白华《论世说新语和晋人的美》中指出：汉末魏晋六朝是中国政治上最混乱、社会上最痛苦的时代，然而却是精神上极自由、极解放，最富于智慧、最浓于热情的时代，因此也就是最富有艺术精神的一个时代。

一定的社会形势、经济基础产生一定的艺术形态。魏晋南北朝的特殊社会形态决定了多种艺术形势的转变，成为一个继往开来的时代。自然山水的功能发生了巨大变化，它转变为审美对象和山水诗、山水画、山水盆景等山水文化的创作源泉。玄、道、佛学的普遍影响，崇尚自然之风的形成，社会审美意识的变化从而推动了文学、绘画、园林、盆景等艺术的自觉发展。中国盆景在文学、绘画、书法、园林艺术的影响下，已具备形成的条件。盆景艺术，尤其是自然山石盆景艺术作为中国传统文化中的一个重要部分开始形成。

魏晋南北朝时期是中国崇尚自然和山水情结的发达时期。由于对山水的亲近和融合，笼罩在自然山水上面的神秘面纱逐渐被揭开，自然山水由神化偶像转变为独立的审美对象，人们对山水的自然崇拜转变为以游览观赏为主的审美活动，从而促进了文学、绘画、书法、园林、盆景等多种艺术形式的发展和转变。人们描绘、讴歌、欣赏自然山水成为时尚，如左思《招隐》诗曰："非必丝与竹，山水有清音"。或者肆意遨游，或者退隐田园寄情山水，晋代大诗人陶渊明在隐居后写下著名的诗句："采菊东篱下，悠然见南山。"宗炳是中国最早的山水画家，在公元440年写成《山水画序》，他一生钟情自然山水，畅游名山大川，提出"以静虚的心志审美山水"，主张"山水以形媚道"。

东晋顾恺之作画不重形式而重神似，提出了"以思写神"的绘画理论，书法同样在这一时期也产生很大变革。王羲之的《兰亭序》成为不朽的名著。

山水诗和绘画、书法一样成为中国宝贵的文化遗产。谢灵运是中国山水诗的开创者，"山水藉文章以显，文章亦凭山水以传"。盆景艺术就是"以形为道"和"以形写神"理论的产物和实践，并在后世的发展过程中被不断地完善。

以上史料的发现，结合魏晋南北朝人文、社会的发展和变革，中国盆景形成于这一时期是有依据的，它有力地证明了盆景艺术源于中国。

二、松柏盆景的发展

把松柏盆景从中国盆景中分离出来，是因为本文主要还是以中国盆景的起源和形成为引导，重点探讨松柏盆景的历史及各个历史时期的艺术表现。根据诗歌、绘画和专业著作、传世作品等方面，大约可以从两个历史阶段来了解它——唐宋时期和明清时期。

（一）唐宋时期

中国盆景在经过魏晋南北朝后几百年的发展到唐宋时期，盆景艺术的总体概念趋向成熟。在绘画和诗歌作品中出现了大量的松柏盆景，而松柏盆景是在山石盆景之后，明显区别于植物盆栽的一种艺术表现形式。因为在这一时期，我们看到了技巧的运用和思想的表达。

唐代是中国封建社会中最为强盛的一个朝代，政治、经济、文化都比以前有了更高的成就和发展。唐代疆域辽阔，对外交流远远超过过去任何一个封建王朝。在天文、地理、医学、文化艺术等方面都留下许多灿烂的文化遗产。在这种历史文化背景下，中国园林的发展达到了相应的高度，盆景艺术、花木栽培也达到了空前的局面。我们可以通过绘画和诗歌的艺术形式来了解当时松柏盆景的发展状况。

前文中所提到1972年在陕西乾陵发掘的章怀太子墓，墓道壁画上侍女双手托盆景的形象，可见当时盆景已经作为皇宫内苑的装饰或者作为皇室成员的赏玩佳品。毫无疑问地说：这些东西不可能从一开始就出现在宫廷府邸，它必然在市井之间到文人、士大夫或者贵族阶层有一个流传的过程，这是最起码的一个逻辑推理。从这个逻辑上说"这个过程"必然要有一个时间的跨度……因此，我认为过去仅凭"章怀太子墓道壁画"就断言"盆景艺术形成于唐代"是不严谨的。

唐代的绘画作品传于后世的数量有限，也就在这有限的传世绘画作品中就有初唐阎立本的《织贡图》和中唐时期卢楞伽的《六尊者像》对有关盆景的内容作了重点描绘。《织贡图》描写的是外族朝贡之状，其中三盆为山石盆景。《六尊者像》描写的是外族人向一僧人敬献盆景和奇石的情景，其中盆景应为树石盆景。

在绘画中描绘松柏盆景的大多数是宋代的作品，所以有文章说：宋代发展形成树木盆景……但是宋代的绘画作品描写的却是唐代的故事，如故宫所藏宋人（未署名）画《十八学士四轴图》。

唐太宗（599—649）曾命阎立本作图、褚亮为文赞颂文学馆的"十八学士"。据《唐书·褚亮传》载："宫城西作文学馆，招聘贤才云云，命阎立本画像，使亮为赞，题名字爵里，号十八学士。藏文书府，以章礼贤之重，天下所慕向，谓之登瀛洲。"自初唐阎立本之外，后世的多位画家也以十八学士为题材作《十八学士图》，故宫中

《十八学士四轴图》是其中之一，南宋著名画家刘松年也曾作《十八学士图》（据相关资料现藏于台北）。

阎立本的《十八学士图》哪里去了？它会不会是宋人《十八学士四轴图》的蓝本呢？也许这只是笔者的一种臆想！

北宋张择端《明皇窥浴图》中也出现了松树盆景，而且也是描写唐代的生活故事。

用欣赏盆景的眼光来看绘画中的盆景，树干呈"S"形，正是我们今天所说的中国盆景的传统技法。枝盘偃盖，层次分明。树干斑驳皱裂，俨然一幅古松的姿态。有的松树下还配以奇石，配盆的形式和比例也颇为讲究。这些造型优美的松树盆景，是画家凭空想象出来的吗？

当然不可能！由于唐代的绘画传世很少，所列举的两幅宋画，似乎无力证明在唐代已经有了技艺运用相对成熟的松树盆景，那就让我们从唐诗中寻觅一番。

唐诗是我国文学史上一颗灿烂的明珠，在中国传统文化中占有重要的地位，千百年来一直为人们传诵不衰。《全唐诗》中，白居易描绘山水盆景的诗句早已为人们所熟知。皮日休的《小松》、李咸用的《小松歌》、李贺的《五粒小松歌》这三首诵松树盆景诗歌中都用了一个"小"字，不会有人简单地理解为"松树的幼苗"吧！小是用来与自然界中参天大树做比较的，说明松树盆景缩龙成寸的精妙。我们把这三首吟诵松树盆景的诗歌比较一下，通过文字的描述来感受唐代松柏盆景的特点和技法。

《五粒小松歌》
唐·李贺

蛇子蛇孙鳞蜿蜒，新香几粒洪崖饭。
绿波浸叶满浓光，细束龙髯铰刀剪。
主人壁上铺州图，主人堂前多俗儒。
月明白露秋泪滴，石笋溪云肯寄书。

《小松歌》
唐·李咸用

幽人不喜凡草生，秋锄劚得寒青青。
庭闲土瘦根脚狞，风摇雨拂精神醒。
短影月斜不满尺，清声细入鸣蛩翼。
天人戏剪苍龙髯，参差簇在瑶阶侧。
金精水鬼欺不得，长与东皇逞颜色。
劲节暂因君子移，贞心不为麻中直。

《公斋四咏·小松》
唐·皮日休

婆娑只三尺，移来白云径。
亭亭向空意，已解凌辽敻。
叶健似虬须，枝脆如鹤胫。
清音犹未成，绀彩空不定。
阴圆小芝盖，鳞涩修荷柄。
先愁被鹖抢，预恐遭蜗病。
结根幸得地，且免离离映。
碌砢不难遇，在保晚成性。
一日造明堂，为君当毕命。

以上诗文所描述的"松树盆景"具有以下几种特点和技法：

1. 树形矮小，造型奇特。
"蛇子蛇孙鳞蜿蜿"——《五粒小松歌》
"短影月斜不满尺"——《小松歌》
"婆娑只三尺"——《公斋四咏·小松》

2. 生机盎然，赏心悦目。
"绿波浸叶满浓光"——《五粒小松歌》
"庭闲土瘦根脚狞，风摇雨拂精神醒"——《小松歌》
"叶健似虬须，枝脆如鹤胫。清音犹未成，绀彩空不定"——《公斋四咏·小松》

3. 对松树进行修剪和利用麻皮等材料对松树绑扎整型。
"细束龙髯铰刀剪"——《五粒小松歌》
"天人戏剪苍龙髯，贞心不为麻中直"——《小松歌》

4. 对松树进行提根处理，以欣赏其露根部分。
"庭闲土瘦根脚狞"——《小松歌》

我们通过存世的绘画和诗歌，可以从中很好地了解到盆景历经魏晋南北朝，到盛唐的几百年发展，人们已经开始把欣赏的眼光从山水盆景转移到松树的姿形、老态、韵味和意境上来。在制作上有较为成熟的方式方法，在用盆上也十分讲究。但遗憾的是这一时期传世的文字资料太少。

相比之下，宋代的文献资料就丰富的多了。绘画方面，除《明皇窥浴图》《十八学士图》《梧荫清暇图》之外，还有宋徽宗亲绘的《听琴图》《盆石有鸟图》等都绘有盆景。宋徽宗赵佶是历史上较无能的皇帝，但他在艺术上却很有成就，书法、绘画皆出手不凡，"花石纲"事件从另一个侧面反映了当时的造园技艺。盆景，尤其是松柏盆景在宋朝更为成熟了。

宋人王十朋在《岩松记》里详尽地记述了松树盆景的制作过程和感受，"友人有以岩松至梅溪者，异质丛生，根衔拳石茂焉，非枯森焉，非乔柏叶，松身气象耸焉，藏参天覆地之意于盈握间，亦草木之英奇者。余颇爱之，植以瓦盆，置之小室……"而南宋吴自牧著《梦粱录》中写道："钱塘门外，淄水桥，东西马塍诸园皆植怪松异桧，四时花草。"

（二）明清时期

明清两代，松柏类盆景有了更进一步的发展。

"细剪苍松耐岁寒，郁郁千丈许同观。山家近得凌云趣，老干新添第几盘。"这是清代文人汪鋆在其《砚山丛稿》中对松柏类盆景的赞颂。

明清时期，不仅盆景的制作与欣赏之风在全国开始普及，制作技艺水平日益提高，而且关于盆景的理论研究的风气很浓，与盆景有关的书籍比较多。如，高濂的《高子盆景说》、屠隆的《盆花》、吕初泰的《盆景》二篇、文震亨的《盆玩》。以上五篇关于盆景的专论集中写于明代末期的数十年间（1541—1646），加上清代陈淏子所著《花镜》中的"种盆取景法"。这说明明末清初前后，我国盆景正处于鼎盛阶段，盆景也具有很高的艺术价值和商业价值。

高濂在《高子盆景说》中记载："盆景之尚天下有五地最盛，南都、苏·松二郡。浙之杭州、福之浦城，人多爱之。论值以钱万计，则其如可知"。

南都在明代指南京，苏·松二郡指苏州府和松江府，福之浦城位于现在福建省松溪县之北。从明代开始，南京、苏州、上海、杭州、福建及其邻近地区已经发展成为中国盆景的中心地。关于松柏盆景在明清两代，最古雅的盆景树种是天目松，据高濂的《遵生八笺》记载："如最古雅者品以天目松为第一，唯杭城有之高可盈尺，其本如臂，针毛短簇，结为马远之欹斜诘屈，郭熙之露顶攫拿，刘松年之偃亚层叠，盛子昭之拖拽轩耸，载以佳器，槎桠可观，他树蟠结，无出此制。"

《杭州府志》记载："杭城茶肆插四时花，挂名人画，列花架安顿奇松异柏等物其上。"

在清·沈复的《浮生六记》中也有记载："去城三十里，名曰仁里，有花果会十二年一举，入庙廊轩院，所设花果盆景，并不剪枝拗节，尽以苍老古怪为佳，大半皆黄山松。"

天目松（黄山松）是当时最主要的盆景树种。"千岁松产于天目山、武功、黄山，高不满二三尺，性喜燥背阴，生深崖石榻上，永不见肥，故岁久不大，可做天然盆玩。"

天目松除了可以作单干盆景外，通过整型修剪使其树冠高低错落，枝干疏密有致，经过盆面"地形处理"，安置巧妙合理的配石后，在咫尺盆盎中构成了优美的景观。"更有松本一根、二根、三根者或三五窠结为山林排匝高下参差，更幽趣。林下安置透漏窈窕昆石、英石、蜡石、灵璧石、石笋安放得体，置诸庭中。对独本者，若坐冈陵之巅，与孤松盘桓。其双本者，似入松林深处，令人六月忘暑。"

从明清二代的绘画作品中我们可以看到松树盆景的多样化。如明仇英的《十八学士图》、蔡汝佐的《盆中景》、朱端的《松院闲吟图》、杜琼的《友松图》，清代黄易《博古图》等都绘有各种造型的松树盆景。这里特别要说的是我在这次查阅资料时，从张择端所绘的《清明上河图》中发现，在众多的人物中有两组小的画面：一组是4人抬一盆大型盆景，另一组是2人抬一盆盆景，这说明在明代盆景就已大型化。

这些绘画作品中所描绘的松树盆景具有以下特点：

1. 悬根露爪，这可能是当时的时尚与喜好。
2. 盘干虬枝，十分自然。
3. 附石类的多，根部多用太湖等奇石摆饰，构成山崖苍松的景观。

以上可以说明当时的盆景素材主要是山采自然形成的矮老松，树冠枝片修剪有致，说明当时的剪扎技术已达到一定水平。

通过历代绘画中所看到的松树类盆景，也可以了解到中国盆景在各个时期发展的轨迹。如唐宋绘画中所出现的盆景，反映的是宫廷、士大夫的生活场景。明清时代除了宫廷、士大夫之外，像《友松图》《清明上河图》中所绘制的盆景画面所表现的是普通百姓的家中以及抬着盆景去街市交易的场面……这也就是说盆景从一开始它就是一种多元文化与特定植物相结合而形成的艺术品，早期它只是为少数的统治阶级或贤达富庶的人士所拥有，随着时间发展而逐步进入寻常百姓家。

三、关于传世的中国盆景及意义

中国传统文化的博大精深，源于中国历史的源远流长，源于对中国历史上各个历史时期文化艺术的传承与发展。现在全国各地各种类型的博物馆中收藏的文物就是历史的见证。而传世的盆景同样是文物，而且是活的文物，像这样活的文物能传世上千年也确实罕见。

比如浙江天台山国清寺内的一棵古梅，相传始于隋朝；杭州超山大明堂的古梅，据说是宋梅。四川都江堰是我国现存的最古老的水利工程，主持这一伟大工程的是秦朝李冰，汩汩清流带走了千百个日日夜夜，至今仍在哺育着川中大地。人们也许都把目光投注到了都江堰的"宝瓶口"上，而对都江堰的盆景园，可能在意的人并不多。如果你去看一下，就会知道这里是一座典型的盆景历史博物馆，它收藏的树木盆景一百多盆，有唐代的紫薇、宋代的海棠、明代的罗汉松和银杏。通过这些活的保持生命力的"古董"，你完全可以领略到巴山蜀水所造就的蜀文化和川派盆景艺术的辉煌，也可以感受到历史的洗礼，使这批活的文物更加苍劲雄健、古朴自然。

扬派盆景发源地之一泰州，这里盆景艺术人才辈出，盆景大师王寿山、万觐堂、万瑞铭都是泰州人，而且几代人都从事盆景艺术工作。现泰州的泰山公园盆景园里收藏着几十盆各朝代的传世盆景。"六朝松"（实际上是一棵柏树），相传起源于六朝，宋代时一位道士查太常种植于松林庙内，景观奇特。1936年，被江苏省政府列为古迹，40年代因庙内驻军长期在树下拴马，致使根系受损，后渐渐凋萎。60年代，王寿山先生将其收藏，取其一截制作成盆景，现"六朝松"生长健康，枯枝形成的神枝、舍利干犹如天工之作，虽饱经风雨侵袭而神态依旧。

《郭子仪带子上朝》是由一大一小两棵圆柏合植于一石盆之内。相传是明崇祯年间奉州人氏李驸马从京城回乡省亲时带回的，为江苏省受保护的4棵圆柏之一。

《龙马精神》是一棵桧柏，树龄280年，应为清早期之物。主干自然弯曲向下飘逸，形似游龙探海，几百年的演变，主干大部分变成舍利，仅有一条水线。顶端呈云片状，片中小枝"一寸三弯"由粗到细，过渡自然，虽明知是人工所为，却感觉不到丝毫的匠气，如今依然枝叶茂盛。《龙马精神》论树龄不算太长，但在扬派盆景中应属极品。我们知道扬派盆景典型的特征是"云片"，或三或五比较规范，做成顶端一片的有很多，而《龙马精神》则把这一片做到飘枝下部，别具风采。

值得一提的是扬派盆景技艺已被泰州盆景园申报为国家级非物质文化遗产，为了纪念扬派盆景创始人之一王寿山大师，为他建立了纪念馆，并作王寿山大师雕塑人像，如此重视一位盆景艺人，这在全国是不多见的。

扬州盆景博物馆，是主要收藏扬派盆景的地方，珍藏的明清两代盆景，如圆柏、桧柏、瓜子黄杨等一百多盆，树龄有的在500年左右。

如皋水绘园中的盆景园珍藏的几棵柏树最高树龄有900年，该园还珍藏了4棵五针松盆景，主干粗的40cm，盘根错节，冠幅超3m，造型"两弯半"，就是苏北地区所说的典型的"如通派"，树龄300多年。现养护得很好，气派、壮观。水绘园里还收藏了很多树龄200年左右的罗汉松。

目前，我国传世的松柏类盆景还有很多，如南通、苏州等地，这里就不一一举例了。传世的盆景作品，以松柏类居多，从造型技巧上来看，应在唐宋时期就已经形成了一定的风格，几百年来变化不多，一方面说明中国传统文化的审美观已经形成且根深蒂固很难改变，另一方面也反映出由一棵小苗生长成一盆传世的盆景，是很多代人心血的积累。前辈盆景艺人以盆景谋生，所使用的材料均出自人工栽培，这同样也是盆景艺术延续发展的根本所在。

四、黑松盆景的制作

新中国的成立，为中国盆景艺术事业带来了新生，特别是改革开放以后，中国盆景得到了飞速发展。

改革开放后国人有机会走出去、请进来，开阔了眼界。盆景艺术更是如此。在国际舞台上松柏类盆景占有很大的比例，特别是日本的松柏类盆景，其造型和养护管理上有独特的一面，也成为欧美国家效仿和学习的样板。而中国的松柏类盆景在发展上以传统的流派为主，在造型上有固定的模式，在材料上以园培为主，山采桩很少，即使有山采桩也仅限于杂木桩，相比于日本的松柏类盆栽也就很难出彩。下山的松柏树桩，在种植上缺少技术，成活率没有保证，即使成活，在制作和养护上同样缺少技术、经验。

开放的大门使我们看到了中国松柏类盆景在制作、养护上与日本的差距。通过交流学习，我们也看到了下山桩在松柏盆景发展中的优势。

黑松以它独特的魅力、特有的风韵、广泛的适应性和可塑性受到中外广大盆景工作者的青睐和重视。一场黑松热迅速在全国盆景界掀起，制作工艺也日臻成熟，具体概述如下。

1. 下山黑松桩的种植

树木是有生命的，一棵下山黑松离开它生长几十年的地方，也算经历了一生最大的生与死。我们一定要精心养护，保证它生命的延续性，特别是一棵精品桩。

采挖时间　要确保下山桩种植成活，采挖时间要基本掌握。黑松桩采挖从当年的霜降后，到翌年的清明都可以。

土球　下山松带土球是保证成活的第一步，土球大小要视树的粗度决定。如果山上石头太多，带不了土球，在挖的时候要尽量多保留主根和须根。种植前要及时将根部修理一遍，断裂的一定要清除，根部顶尖一定要剪得平整，才有利于截面生根。

消毒　下山桩种植前一定要消毒。有些桩根部有天然舍利干的，其根部、土球中都会有白蚁，要用杀虫剂处理一下。

用土　种植用土是黑松下山桩种植成活的关键。山上的风化沙和素土最好。一定要保证土中不含任何有机腐化物，土壤要透气、渗水好，种植完成一定要浇透定根水。对一些规格大的树要固定好，防止大风吹动，影响成活。

浇水　关键是掌握好种植后的浇水量，浇水量不可以过大，因为此时松树处于休眠期，水分大会烂根而影响成活。

栽植方式　保证一棵下山桩成活最好的办法是地栽，因为地栽可以保证地温的一年四季变化，有利于生根、生长，加上种植使用是含沙成分比较高的土，土中有松树生长所需的各种元素。

2. 黑松盆景的上盆

下山黑松种活后到第三年就会进入疯长期，这时可以进行第一次修剪。第一次修剪不是造型，而是将以后造型时用不着的枝剪掉，保证所需枝快速生长。留下的枝条如二、三级枝粗度不够，可以在地栽时过渡到所需粗度后再上盆。

经过修整放养后树桩就变成一棵有利用价值的毛桩。这时可以安排秋季、冬季、春季上盆。由于黑松下山时为保证成活率所带的土球都比较大，上盆时根部还要进行修剪，一定不能过度修剪，如修掉过多仍然会造成上盆后树的死亡。为避免这种情况，可以选用大些的盆以保证成活。一盆好的黑松盆景要达到树与盆的正确比例，可能要经过几次换盆。

总体来说，一棵下山黑松从成活到上盆，是一个漫长的过程，同时也是积累经验的过程。过程中的每一步都要精心来完成，否则一不小心就会前功尽弃。

3. 黑松盆景的制作

按照传统的做法，黑松树盆景制作时间大多会安排在冬春季节，因为这段时间是松树的休眠期，有利于黑松盆景的制作，成功率高。作为一个专业的盆景工作者，每年只有4~6个月的时间用来盆景制作，显然是远远不够的。我通过数十年对黑松生长规律的了解，6~8月是一年中气温最高的3个月，也是黑松一年中最主要的生长阶段。这期间黑松的枝条和冬季相比较柔软，且弹性也很好，有弹性就有利于弯曲造型，所以此时才是黑松最佳造型期。同时也是因为黑松树体内的松油脂最稀，流动快。而冬季松树处于休眠期，树体内的松油脂不流动，枝条也就变得僵硬。

读树 也叫读桩。由于下山黑松形态各异，要想把这些形态各异的桩材变成优秀的作品，就需要创作者每天细心观察，看懂每棵树的优点，各个角度会产生什么样的效果都要了然于胸，这样才能在实际制作中发挥出这棵树的最大优点，充分体现其自然野性。

制作步骤 第一步：通过读桩定好每棵树今后造型所需要的枝条，把多余部分修剪掉。对缺枝的可以通过嫁接的方法补齐，有计划地培养三、四级枝，待树冠丰满后为第二步打下基础。第二步：待毛桩丰满后上盆，由于下山黑松桩一、二级枝是在自然状态下自由生长，方向、角度不一定都理想。这样就需要把枝条调整到造型所需的弯度、方向，构成理想的骨架。

黑松的木质部含有大量的油脂，有利于造型拿弯，可塑性强。对于一些粗大的，包括10cm以上的二级枝，人力不能弯曲的，可用机械的方式，如螺杆、花篮螺丝等进行强行牵拉，使之弯曲，但在实际操作过程中，对所要弯曲的枝条一定要做好保护工作。花篮螺丝在黑松盆景造型中，拿弯既方便又省力，如一次弯曲不到位，可以慢慢调，直到所需的弯度，特别是10cm以上的枝干效果更好。

小枝条的蟠扎 可以用铝丝来完成。蟠扎前要构思好，明确该树的布局，然后再精心操作，务必使线条流畅。金属丝蟠扎的好坏直接反映作者的基本功。它是盆景制作的关键技术，平时一定要勤加修炼。

通过蟠扎、定型后铝丝要及时拆除，否则会留下伤痕。

黑松舍利干的制作 有的黑松桩材经过岁月洗礼，伤痕累累，树干和枝身会留下刀痕、锯口、枯枝。如何利用好树身上的缺点，使之充分发挥作用，制成舍利干、神枝是最好的选择。舍利干和神枝，可以增加美感、动感、岁月感，使黑松盆景在表现上内容更加丰富。但是黑松舍利干和神枝的制作要与柏树有所区别，一是黑松的鳞皮是展现它的岁月沧桑感和力度，是黑松盆景美的重要构成部分，如果将健康无损的树身做成舍利干，那将是最大的错误。二是黑松的舍利干和神枝要体现松树的苍劲、雄健，要相对粗放，线条的构成要奔放有力。同时要注意，制作过程中多余的鲜活枝条不能立马做成神枝，应先剪光该枝条上的所有针叶，让其慢慢收缩体内松油脂，2~3年后该枝会变得很硬，此时再做成神枝才不会烂掉。黑松与柏树的生理、木质构成存在本质的区别，因此黑松的舍利干和神枝的制作要充分体现出松树的特点，苍劲、雄健，要相对粗放、线条的构成要有力奔放。

舍利干和神枝是大自然的杰作，我们要多到大自然中写生，使艺术源于自然，回归自然。

五、线——中国盆景艺术创作的灵魂

我们知道，传统的中国盆景是以曲为美，主干、二级枝、三级枝都要弯曲。扬派的"一寸三弯"、如皋南通的"二弯半"、徽派的"龙游式""龙游梅"、川派的"掉拐"，说白了就是"S"曲线在横向竖向里变化应用。这条"S"线是盆景造型的生命线，是灵魂。即使岭南盆景也不例外。从美学角度来说，"S"线是圆弧形、软线条，用人工去弯曲，而岭南盆景的线条是直角的，也就是硬线条，是靠剪出来的。剪口愈合后，线条也就自然了。

中国传统盆景就是靠这条弯曲的线衍生出众多流派，中国其他传统艺术也不例外。如中国画线描、中国书法，它们造型也主要靠线，所谓的柳叶描"骨法用笔"。中国最负盛名的敦煌莫高窟，壁画中那些优美而传神的线条令人神往，依靠线的造型使中国画衍生出工笔画、写意、大写意、小写意等诸般技法，山水、人物、花鸟等诸多画种，中国书法更是靠这线条成就了篆、隶、行、草四种书体。无论书与画和我们的盆景都靠线条来进行创作，失去了线也就失去了生命力。

这条"S"线也是构成传统盆景美学思想的重要组成部分，我们的前辈千百年来正是用这条线来进行创作，给我们留下了很多优秀作品。我们的松柏盆景要发展、要创新，但我们也要切忌把一棵优秀的松柏桩材制作成标准模式化的盆景。

潘仲连先生的五针松盆景《刘松年笔意》创作成功的意义在于：打破松柏盆景主干以曲为美的格调，采用高干型、合栽式为基调，注重节奏布势，讲究力度，求其动态美，求其层次分明，避免肥厚臃肿。在造型技艺上又吸收了传统的创作方法，直线与曲线并用，竖的直线意味着挺拔崇高，而横向的枝片又融入了传统的"S"线，使之曲枝蕴含挺拔、直干也不失曲意，曲直有机地结合才能符合自然界的客观实际。"骨法用笔""气韵生动"，我们要把传统造型的手法变为一种技巧，通过技巧来自由地表现松柏盆景的美和自然性。潘仲连先生松柏盆景的制作，在传统与现代的结合上为我们提供了很好的范本，在使用园培的松柏类的材料上开拓了新路。

贺淦荪大师创作的风动式盆景，从材料的选择、培育、创作题材的构思到作品的题名，自始至终都把个人的思想感情、激情融入盆景的创作中。所以他的作品让人看了会激动，所表现的诗情画意让人久久难忘。这种高水平的作品，充分展现出作者的内心世界，表达了作者对盆景的热爱、执着和自身的文化艺术修养。我们在盆展会上经常会看到很多同行学习贺老的动势盆景，给人的感觉很好、很像，但这些作品与贺老的作品相比总还是差一口气，这口气是骨子里的创作激情，动势盆景它只能是一种个人风格的表现。

一盆优秀的松柏作品，特别是黑松盆景，如果不花更多的时间和精力，就很难达到尽善尽美的艺术境界。"功到自然成"才能体验到松柏栽培、制作中的妙趣，才能唤起一种美景完成时的巨大感动。更大的挑战是一盆优秀的松柏盆景，既要保持中国盆景传统的风格，又要使它具备时代特征，更重要的还要展现松树搏击风雨的精神。

中国盆景文化和盆景艺术现在也同样面临着继承和创新的问题。理论与技艺的发展都是以传承为基础的。但是，对于盆景文化和理论建设来说，光是传承也还不够，只有在继承时不断发扬，在借鉴时不断创新，特别是中国松柏，才真正谈得上不断发展与繁荣。中国盆景文化的精神也在随着时代发展而发展，其核心内容就是以人为本、崇尚自然、天人合一、恋树情结、哲学思辨。中国传统文化所蕴含的思辨方式、价值观念、行为准则等内容，一方面具有强烈的历史性、遗传性，另一方面又具有鲜活的现实性、变异性。所以它无时无刻不在影响、制约着今天的中国盆景发展，为我们开创当代新松柏盆景艺术提供历史的依据和现实的基础。从这个意义上讲，不管我们的主观意愿如何，中国盆景文化和理论发展都不可能离开它，就像我们离不开脚下的大地和头顶的天空一样。

【五针松盆景】
《和合》的成长之路

在创作的过程中用心培育呵护
发自内心深处对盆景艺术的热爱

20世纪80年代,在浙江宁波、温州地区出现了一股潮流:五针松盆景热。一时间疯狂收购五针松成风,五针松的价格也随之水涨船高。即便是一个五针松头子也能卖到一两元,就更别说整棵树了。

当时我手上有几棵五针松,温州来人给了很好的价格,我几经考虑没有卖,卖了以后如果价格再涨,我也买不起了,就没有五针松可玩了。这两棵五针松当年是从浙江奉化三十六湾苗圃买来的,由于是园培的五针松,单棵树的枝条分布都不理想,对生枝多。几经考虑后把两棵松组合起来,在盆里养了几年后,才逐步丰满,两边枝条分布均衡,相互协调。我们都知道两棵合栽,一大一小、一高一矮、一粗一细,才是合理的组合,也是规律。可我这两棵五针松粗细接近,不符合上述规律。由于两棵树在一起生长几年了,根部结合较好,有一定的协调性,不能再分开,并且这两棵树都是直干型,要做成双干型很难出彩。经过多次构想,加之这两棵树当时并不是很粗,可以人为地改变主干方向。有了设想后,决定取动势,斜栽。主干向右,再转向左回首,左边一棵压矮,蓄一大飘枝,单独收顶,右边一棵放高,高于左边一棵,也单独收顶。这样两棵树一高一矮,左右分展,枝片前后分布,顶部错落有致,整体布局均衡,左重右轻,又有动势,充分展现出一盆优秀合栽式盆景的姿态。

任何一件艺术品的成功都与作者的精心设计有关,而盆景艺术的创作,却又不同于其他艺术品的创作。书、画、雕塑均是一次性完成的。但盆景艺术是有生命的艺术,特别是松柏类盆景,从一棵园培的小树培养成既具有优美造型,苍翠雄浑,又能展现出作者的心声,让观众产生共鸣的盆景则需要更长的时间来铸就。一年四季春、夏、秋、冬变化不定,在生长的过程中必须用心呵护,用心养护,立意在先,因材施教,才能达到想要的效果。

当然,盆景在生长过程中受自然和人为因素的影响,会出现变化,我们的创作也需要随着树木的生长变化而变化。

《和合》经过四十多年的培育和反复整型,现已逐步走向成熟,成为一盆优秀的合栽式五针松盆景作品。其在江苏如皋举办的"绿园杯"全国盆景精品展中荣获金奖。

壹 赏石兼盆景 皆能入画图

和合
五针松
高 96cm 宽 138cm

栽松二首
唐·白居易

小松未盈尺，心爱手自移。
苍然涧底色，云湿烟霏霏。
栽植我年晚，长成君性迟。
如何过四十，种此数过枝。
得见成荫否，人生七十稀。
爱君抱晚节，怜君含直文。
欲得朝朝见，阶前故种君。
知君死则已，不死会凌云。

1995年，由2棵五针松组合成合栽式，1996年初步整型

2002年换盆后的姿态

2004年春时的姿态

2008年生长姿态

2012年春时的姿态

  这是一首白居易咏松树盆景的诗，说是培养一盆松树盆景需40年，40年后，人已七十古稀。

  《和合》五针松盆景我培养了40多年，而我现在已古稀之年。人生苦短，用人的生命去陪伴盆景的成长，这是其他艺术创作做不到的。人的一生能培育创作几盆优秀的盆景作品？这还是源自内心对我国传统优秀盆景文化艺术的热爱。

【黑松盆景】
《祥云》创作小记

三十年成就一盆景
一盆优秀的盆景得到"势"就是成功

"五岳归来不看山，黄山归来不看岳。"黄山，中国最著名的旅游胜地。奇松、怪石、云海、温泉是黄山四大奇观。黄山松是黄山的衣，更是黄山的精神，黄山松迎客天下。迎客松、接引松、送客松、蒲团松、麒麟松、龙爪松、探海松、黑虎松、竖琴松、连理松这十大名松，是游客登黄山必看的景观。盆景人登黄山和一般的人游黄山不同，我们是去体验和观看黄山松的姿态和生长环境，立于山峰之顶的"梦笔生花"，是附石盆景的蓝本；飞身凌空的"探海松"是悬崖盆景要取的势；"团结松"一本多干，高耸直立，枝片朵朵飘在云间，是直干式盆景的经典；"竖琴松"，一本多干，是大自然的鬼斧神工，让人难以想象下垂的大飘枝却又给人奋力上扬的精神；"黑虎松"粗大的身躯，浓密的枝干，犹如华盖，特殊的环境让它左、右出枝，真像一头猛虎守在路口。

黄山十大名松，是中国松柏盆景制作的蓝本，"外师造化"的心源。

黑松盆景《祥云》，是我首次种活的13棵黑松中的一棵。这棵黑松桩种活后，第二年长势很好，秋天上盆后给人的感觉很普通，直干，两个二级枝，生长同一方向。当时的想法就是能种活就不错，上盆后先养两年，待三、四级枝丰满后再看怎样造型。

两年后，随着《祥云》的三、四级枝逐渐丰满，我开始认真研究如何给它造型。这棵桩的缺点很明显，单面出枝，第一个二级枝和三、四级枝都在前端，用直干式很难出彩。那几年我经常去黄山写生创作，在写生时看到很多生长在山崖边上、凌空飞身的黄山松，特别是黄山十大名松之一的"探海松"，给我留下深刻的印象。

外师造化。当我面对黑松《祥云》时，想到了黄山上的那些悬崖松，决定将直干式改成卧干式，充分利用单边的两个二级枝，将它们变成凌空的第一出枝和第二出枝。第一出枝长，第二出枝短，三、四级枝再精心布局，改变种植方向和角度后的《祥云》给人第一感觉是树的势出来了，让人耳目一新。虽然只是初步的定向，但确实展现出了美好的前景。

树势，是树的一种生长姿势，无论是自然界中的树还是盆景树，生长是美还是丑，它都有一种"势"。树势本身就是盆景树的灵魂，在盆景的创作中就更为重要。

祥云
黑松

盆龄 30 年

高 35cm　飘长 130cm

在盆景造型中，悬崖式是一种表现形式，更接近自然，所以深受盆景艺术工作者的喜爱。其制作技艺，岭南盆景更为出彩，特别是杂木类的大悬崖、小悬崖、临水式、回头式等造型丰富多样。在山松的表现上同样如此，为什么岭南的悬崖式盆景深受人们喜爱，关键是抓住了"势"。一盆优秀的盆景得到"势"就是成功。

黑松盆景《祥云》在造型上采用半悬崖式造型，竖形的盆，横向的出枝上下两层，加上顶层和左右出片，更显得树形丰满。横向的大飘枝，苍老的主干，龙爪般的根盘深深植入山石，整棵树在日出祥云中迎风舞动，飘向人间。

三十年成就一盆景，作品展现出黄山松的精神、安徽人的精神。

足矣。

2004年春,由土盆改为紫砂签筒盆,提出根部,正式定型为双干半悬崖式盆景

2008年9月的姿态

赏石兼盆景　皆能入画图

【黑松盆景】
《松翠千年》创作随笔

根，深深扎向地
枝，奋力朝向天
千年不朽

  《松翠千年》的出生地是安徽肥东县西山驿。1998—2000年，肥东县的黑松桩被公认为是中国山采桩里最好的。因为它们均产自柴山。每年秋季柴山边村庄的农民上山砍柴，黑松是他们的首选。年复一年，这些产自柴山上的黑松岁岁砍年年长，久而久之就演变成了制作黑松盆景最好的毛桩。当时深受盆景人的喜爱，但最大的遗憾就是那批山采黑松真正成为优秀盆景的并不多。因为我在江苏、浙江、福建、广东、湖北等地考察时，看到很多好的黑松毛桩成活率很低，有的全军覆没。这不仅仅是经济上的损失，更为重要的是这些不可再生的资源没有了，浪费了。

  出现这种情况是当时我们对黑松下山桩的种植没有实际经验，只是摸着石头过河，急于求成，特别是面对好的下山黑松桩，更是兴奋不已，就想马上变成盆景。当年种活的第二年就修根换盆、造型。这种做法是造成黑松桩死亡的直接原因。我在福建泉州就看到一家园子里凡是这样做过的黑松全部死掉了。同样的情况在武汉花卉市场一老板的园子里也有发生，他的高山松（黄山松）均产自湖北英山的大别山。高山松实际上比黑松更难生根、成活。它长在海拔800m以上的山上，自然气候和城市有很大的差别，生长要求更高，更难。在我的实际观察和种植上，高山松下山种植成活3年以上才能算真正成活。急功近利，是那个年代造成黑松、高山松死亡的真正原因，也给我们留下了深刻的教训和经验。

  《松翠千年》桩材是1998年下山，我1999年看到时已成活，当时我看到它扭曲旋转的身姿时就为之动心，它有力的根盘如龙爪一般，整棵树粗细变化非常均匀，是一棵难得的好材料。但它也有一个很大的缺点，就是三、四级枝不丰满，这可能是下山的前一年农民过度砍伐造成的，也就是说这棵桩要想培育成一盆优秀的盆景需要很长的时间，但好材料难得，我决定买下它。为了使它成活后得到更好的生长，我决定把它留在当地再长一年，使它的根部更好发育。2001年春运到上海，查看到上海后毛桩的生

松翠千年
黑松
盆龄 25 年
高 150cm　宽 138cm

长状况，其三、四级枝和根部都得到了恢复，为了使三、四级枝生长得更快，我仍然用从肥东带来的嫁妆土（原土），进行地栽，并根据初步构想修掉多余枝条，有针对性地培养所需枝干。

《松翠千年》毛桩经几年的培育逐渐丰满，同时这棵树的基本造型早已在心中形成。"外师造化，取法自然"。《松翠千年》自身虽然有很多优点，但缺点是最长的二级枝在上部，如何处理好这个出枝是关键。

让缺点变成优点，采用高枝下垂的方法是最好的选择。高枝下垂，垂枝得到了更大的伸展空间，有力的出枝更显得这棵树雄伟高大，同时左边没有出枝的问题也得到了解决。右边几个出枝虽不丰满，但是可以培养出来的。

2003年春上盆。2004年进行初步整型。首先将顶部的二级枝进行下垂。由于二级枝在主干出枝，又老又硬，人力弯不动，只能使用花篮螺丝慢慢牵拉，以达到理想的角度。

在随后的成长过程中，根据树干自身的特点和二、三级的出枝部位，如只选择一个观赏面很难完美地把这棵树的优点发挥出来，如种植在圆盆中就可以有多个观赏面，从不同的角度都能观赏到独立的姿态，让源于自然、高于自然这种精神追求在这棵树上得到充分的体现。

"天人合一""物我交融""虽由人作，宛自天开"。一盆优秀的盆景要达到如此高度，天天转园子欣赏和模仿别人的作品是很难达到的，只有走近大自然，看黄山松优美壮丽的身姿；看古松柏曲线变化无常的舍利干和千年岁月中铸就的瘤疤；再看大漠深处千年不死、死了千年不倒、倒了千年不朽的大漠之魂胡杨。外师造化的关键是要用心，用脚步去丈量、去体验。

在中国灿烂的历史文化长河中，那些优秀的诗人、书画家、旅行者无不是在大自

2003年春，换入大圆盆

2004年春，初步整型，将二级枝下垂作大飘枝，由于二级枝比较硬，用花篮螺丝牵拉

2004年秋，拍照时的姿态

2008年秋的姿态

2010年春，作者与《松翠万年》合影

然中汲取营养，胸有千山万壑，才能留下不朽的作品。

黑松盆景《松翠千年》经历了25年的风风雨雨，在我的精心养护雕琢下，展现给世人的是不同角度、不同身姿的美丽。

【黑松盆景】
《心境》创作随笔

搜尽奇峰打草稿
大自然是最好的老师

　　大自然是人类生命的摇篮，而艺术则是天地间所创造的最美和最值得骄傲的成就之一。自然的美无处不在，但对于艺术家来说需要的不仅仅是发现美，更需要创造，要把自然的美感创造性地转化为艺术的美感。石涛以"搜尽奇峰打草稿"的精神描绘山川形象。他笔下的黄山、庐山、江南水乡等景色风光，皆多从写生而来，而又胜于实景，其山河情貌丰富，布局之新颖，景色之优美，意境之深邃，欲其造化之功。

　　盆景艺术创作也同样要外出写生，生长在高山之巅的黄山松，搏击风雨、雷电，千姿百态；山东岱庙、孔庙、北京中山公园、潭柘寺，河南、山西等名胜古迹中均有千年以上的古柏、古槐。千年的生长，历经沧桑，它们都有一个共同的特点，在大自然的鬼斧神工雕琢下形成了天然的舍利干，神采飞舞、沧桑古朴、线条优美，超越人们的想象。大自然给予我们鲜活的教科书，是盆景创作最好的摹本。观看一棵古柏，会使你茅塞顿开，创作的思路顿时拓宽。

　　中国书画创作有名言"功夫在画外"，这里所指的画外就是要"搜尽奇峰打草稿"，观察大自然的美景，写生创作，拓宽你的创作思维，增加你的内功。

　　黑松盆景《心境》是1998年下山，当年成活，1999年购得。这棵黑松是按景观树选来的，高2.5m左右，当时枝条并不丰满，经几年的养护逐步丰满，但整棵树细高，做庭院树粗度不够。经细心观察，它基部的根盘很好，下部有几个分枝部位很好，只是分枝在下部的不丰满，需要用心培养使其丰满，培养出一个好的大飘枝，就这样决定将其改造成盆景素材。联想到去黄山写生，所观察到黄山松在自然环境下生长的特点，决定取其中一棵为蓝本，展现黄山松的精神，又根据这棵黑松的特点准备改造成一盆动势盆景，"师法自然""外师造化"。为实现目标而进行精心培养，从1999年到2019年，用20年的时间，《心境》初展风姿，动态感强、苍劲有力、雄浑大气，达到了最初设定的目标。

书山有路勤为径，学海无涯苦作舟。

　　黑松盆景《心境》的独特意义还在于它不再是或不完全是把作者的主观精神渗透到自然景观中去，而是力图从自然中概括和提炼出形象，从而达到心境与造化的融合。

心境
黑松
盆龄 22 年
树高 88cm　宽 148cm
盆宽 51cm　长 69cm

【黑松盆景】

《黄山魂》成长之路

不避困难,勇往直前
如自然,如修行,如品格

　　《黄山魂》是我1994年初玩黑松时在蚌埠东郊山上寻找的一批黑松中的一棵,二十多棵黑松挖回来后进行了地栽。那个年代玩黑松的人很少,当时有很多同行笑话我说:"老曹没树玩了,这山上的松树能玩成盆景?"凭借运气,下山松中土球比较大的都种活了。《黄山魂》就是其中之一。

　　说实话,在当时我们只是在书刊上看到日本的黑松盆栽很多,很漂亮,但怎样把一棵下山桩培育成盆景确实没有把握。后来,我在福建漳州老朋友汤锦铭的朋友许总家看到一本日本《近代盆栽》的特刊《黑松盆栽》,当时很是激动,就想借来看看。许总很客气地说:"我不玩黑松,这本书放在我这里也没用,你要是有用就送给你。"别提我当时有多高兴,如获至宝,再三感谢。

　　由于那本书是日文,只能看懂图片,读不了文字,在夫人的帮助下请朋友帮忙将重点部分翻译出来,翻译费近千元,这在当时也是很大的投入。

　　日本盆栽,特别是松柏盆栽,他们经过几代人的努力,在管理、制作、技术方面有一个比较全面系统的管理程序,而我们缺的就是这方面的经验。

　　在随后的二十多年里,我一直把那本《黑松盆栽》特刊里的理论和技术应用在我的黑松栽培、制作、管理上。再结合中国本地的实际情况,积累了一些经验,也培养了一批优秀的本土黑松盆景。《黄山魂》就是其中之一。

　　中国盆景与日本盆栽虽然一个是盆景,一个为盆栽,但一字之差,却差之万里。一个"景"字,博大精深,"一峰则太华千寻,一勺则江湖万里",这句名言便是中国盆景文化的精华。日本的遣唐使从中国带回了盆景树,却没有带去中国的盆

黄山魂
黑松
盆龄 25 年
树高 99cm　宽 136cm
盆宽 50cm　长 68cm

景文化所赋予的诗情画意，这些我们都可以从日本盆栽的发展过程的历史资料中看到。日本盆栽也是在近代才发展成为我们现在所看到的三角形构图为主的造型，并以技法为主，过度追求严谨，这与中国盆景文化中所倡导的"天人合一，应景而生"的基本理念相背。一场盆景展中松柏类作品的构图相似，过度的统一，相互间的复制，几乎看不到个性在盆景艺术中的发挥，所以叫盆栽，而不能称为艺术。近年随着中国盆景文化对外交流的增多，日本盆栽界的同行也做出了一些改变：木村正彦在游览了中国长江三峡后创作了丛林式盆栽；小林国雄也开始在自己的盆栽创作中加强变化，注重层次分明。

《黄山魂》在外观上是三角形构图，但在内部构成上注重飘枝的培养。层次分明，层与层之间有一定的空间，但整体上仍然保持着中国盆景的风格。《黄山魂》从下山到基本成型走过来近三十年的路程，它的成长之路也是我从黑松盆景制作的一无所知到逐步走向成熟、积累经验的历程。玩盆景玩的就是它的过程。在这个过程中创作者的付出和辛苦可想而知。

一生成一事足矣。乐在其中。

1994年冬，在蚌埠市东郊山区寻得一桩。1996年春上盆，当年秋天的姿态

1999年定枝后的姿态

2001年9月28日，《黄山魂》参加了在广东顺德举办的中国第五届花卉博览会并获得铜奖

2004年3月初换盆，4月初复整后的姿态

2005年秋天时的姿态

【真柏盆景】
《禅心》成长记

以"佛心"驾驭欲望
以"禅心"修身养性

  稀有性、天然性是玩石头的根本，也是鉴赏奇石的唯一标准。玩盆景也同样如此，能寻到一棵理想中的奇树、怪树是盆景人一生的追求。一棵自然属性好的树桩应该是在自然界的生长过程中遭受到人为或大自然的侵害而留下了最鬼斧神工的天工之作，是可遇不可求的。

  近年来，我每年都会安排时间外出写生，来提高和丰富我的山水画创作，特别是太行山，我连续三年都去写生，雄伟壮观的太行山已成为我中国画创作的基地。

  我每次去太行山写生，另一个课题是关注太行山生长的特有树种——崖柏。我每次乘坐索道上山的途中，都能看到生长在绝壁上的崖柏，它们身临高空，摇摇欲坠，半枯半荣。死去的部分在大自然的雕琢下演变成变化无穷的舍利、神枝，活的部分生机盎然，一片翠绿，与石壁形成鲜明的对比。大的树有几米高，雄伟中蕴含着蛟龙般的身姿；小树，如同微型小盆景，可爱至极。

  真柏盆景《禅心》是我2000年春在肥东县徐义昌家购黑松树桩时一起买回来的，当时，他地里有二十多棵刺柏，但没有几棵可用之材，由于他等着用地栽黑松，非要我带走。当年我主要精力都放在黑松上，园子里也没有刺柏，就带回了上海，后来就用这批树练手雕舍利干，做神枝。由于刺柏当年枝生长得很快，不定芽多，即便春天扎片完成了，一年之中还要修整，不然秋天又乱了。当时，大中型真柏盆景少，观赏性高，山东的盆友们就用扁柏嫁接真柏取得了很大的成功，安徽、浙江、江苏也开始用刺柏嫁接真柏，我也跟风把这批树木部分都嫁接成真柏，转眼二十多年这批树都逐步成型。

  《禅心》是我这批刺柏中最早完成嫁接真柏的，由于体型比较大，二级枝上接的真柏较细，要过渡到三级枝还要等好几年，所以就开始放养。经过十多年的放养，二三级枝基本过渡自然。《禅心》在下山时本身已经有了很好的枯面，但基本上都在前面，后面左右有两个粗的供水线，曲线向上，两线在上部汇成了较粗的二级枝，右边一大枯片向右上方伸，枝背后有很好的供水线，一树一飘，是难得的天然好桩，更难得的是在主干后面还有一斜干自然枯死，这个枯枝和主干一前一后增加了作品深度。《禅心》在嫁接改造过程中，充分利用它天然桩的特点，集中在上部多嫁接一些枝，利于以后的造型。

　　自然界中的柏树，大多直立高耸，顶部呈现出蘑菇状，朵朵相连似白云，雄伟壮观，《禅心》以自然大树为蓝本，设计创作成大树型盆景，采用高枝下垂技术，飘枝无限下垂增加动感，后片加重以增加厚度和深度，左边飘枝单独结顶，两顶枝保持一定的空间，尽量避免两端相连形成三角形。整棵树完成后，舍利干丰富多变、曲线优美、古朴沧桑、浑然天成，一竖一飘，一高一矮，动感十足，树顶华盖翠绿，蔚为壮观。

　　当代盆景发展需要创新，创新的先决条件是作者要有丰富的经验、高超的技艺和强大的设计能力。对于要通过嫁接改造的树，先做好构思设计，才能培育出优秀的盆景艺术品。

禅心

真柏

盆龄 30 年

高 140cm　宽 140cm

搏云
黑松

盆龄 28 年
高 86cm 宽 100cm

2011年国庆期间,《搏云》参加植物园举办的全国盆景邀请展时,把原来的轮花圆盆改为现在的盆。目的是通过降低盆的高度,使作品达到最佳观赏视角。

2003年春上盆

2004年秋天的姿态

2008年秋天的姿态

锁云

黑松

盆龄 28 年

高 75cm　飘长 85cm

绍兴璞祺艺境酒店收藏

曹克亭制作

2003年由大盆换入四方盆时姿态

2005年秋,进行切顶改作,将第二个飘枝作为顶枝,为制作大悬崖式打下基础

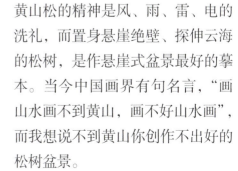

黄山松的美是大自然的杰作,黄山松的精神是风、雨、雷、电的洗礼,而置身悬崖绝壁、探伸云海的松树,是作悬崖式盆景最好的摹本。当今中国画界有句名言,"画山水画不到黄山,画不好山水画",而我想说不到黄山你创作不出好的松树盆景。

涛声

黑松

盆龄 30 年
高 100cm　宽 120cm
绍兴璞祺艺境酒店收藏
曹克亭制作

《公斋四咏·小松》
唐·皮日休

婆娑只三尺，移来白云径。亭亭向空意，已解凌辽夐。
叶健似虬须，枝脆如鹤胫。清音犹未成，绀彩空不定。
阴圆小芝盖，鳞涩修荷柄。先愁被鹞抢，预恐遭蜗病。
结根幸得地，且免离离映。磈砢不难遇，在保晚成性。
一日造明堂，为君当毕命。

1998年冬购自安徽肥东县山里一位农户，当年上盆的姿态　　2003年春到上海后，对其进行换盆后的姿态　　2005年春第一次制作后的姿态

2011年8月，剪除老针后，重新整理水线的姿态　　2013年7月初的姿态

苍松翠云
黑松

盆龄 28 年

高 100cm　宽 140cm

1994年冬下山，次年种活，1998年4月的姿态

1999年春改大盆为小盆，并修剪掉多余枝进行第一次造型，将二级枝牵拉到所需弯度

2002年秋根据整体树型第一次改换紫砂盆

2004年春，由长方盆换成圆盆

2006年春，整体姿态初步丰满

2011年9月中旬，修剪掉老针叶和多余叶片后，两干弯曲有度、层次分明

涛声松舞
黑松

盆龄 28 年
高 100cm　宽 125cm
绍兴璞祺艺境酒店收藏
曹克亭制作

2004年7月，制作前A面

2004年7月，制作后A面

2004年7月，制作后B面

2004年制作完成后的姿态

顶部特写

松之韵
黑松

盆龄 28 年

高 98cm　宽 105cm

绍兴璞祺艺境酒店收藏

曹克亭制作

1996年春下山当年成活，次年生长良好

1998年上盆后的姿态，夏季又进行切芽

2002年春拍的姿态

2012年春进行复整，当年7月进行切芽　　　这是复整后的姿态

苍松醉舞
黑松

盆龄 30 年
高 95cm　宽 135cm
绍兴璞祺艺境酒店收藏
曹克亭制作

拍于2004年5月

这棵黑松是1996年从蚌埠市郊区李楼乡老张处购得,由于顶部枝条距离大,放养几年也没有好的办法。2002年到上海后种植在长方盆中;2003年种到圆盆后根据它的特点改作为动式。

团结松

黑松

盆龄 35 年

高 138cm 宽 128cm

绍兴璞祺艺境酒店收藏

曹克亭制作

柏木神韵

刺柏

树高 133cm　宽 107cm

盆宽 61cm　长 61cm

绍兴璞祺艺境酒店收藏

曹克亭制作

展望
黑松

盆龄 30 年

高 85cm　宽 100cm

绍兴璞祺艺境酒店收藏

曹克亭制作

苍松狂歌

黑松

盆龄 30 年

高 105cm　宽 115cm

绍兴璞祺艺境酒店收藏

曹克亭制作

双松诗韵

黑松

盆龄 30 年

高 95cm　宽 90cm

绍兴璞祺艺境酒店收藏

曹克亭制作

松风雄姿
黑松

盆龄 30 年

高 98cm　宽 120cm

绍兴璞祺艺境酒店收藏

曹克亭制作

【刺柏盆景】
《绝代双娇》

为买一棵好桩
搭上九棵其实也值

　　《绝代双娇》刺柏桩材是2001年购于安徽省石台县鱼龙洞傍村庄。当时园子里有一批刺柏，看到的这棵树一本双干、天然配对、粗细适中、出枝丰富，高1.8m左右。向主人问价格，主人说一棵不卖，要买10棵一起买走。商谈再三考虑到一本双干这种材料不好找，硬着头皮将10棵树桩一起买下。

　　由于这批桩太生，于是下地放养，经10年的放养，每年将所需枝条重点培养，2012年春上盆，秋天制作，根据原先设计好的方案，为增加年代感，两棵都做了舍利干，右边粗的一棵舍利干上下贯通，连接神枝，左边一棵舍利干斜势而上，增加力度。为降低高度，将1.8m降到1.2m，1.2m以上部分制作神枝，左边一棵细的降到80cm。经改造，两个主干与二、三级枝的过渡更加自然，左右延伸，层次丰富。

　　利用横向出枝反转向上培育出四级枝结顶，结顶在主干右上方，两干都采用同一方法，两个顶一高一低，互相呼应，结顶有力，法度自然，下部注重后展枝片增加深度。左右出枝长短不一，更显自然，一身正气。

　　刺柏盆景《绝代双娇》经20年的精心培育，现初展风姿。从开初的选材，到中间的培育增枝再到最后制作成型，苦乐都在其中。20年从盆景成长过程说还只是开始，盆景是活的有生命的艺术品，艺术有生命就有延续性。人生百年太短，和大自然中的百年、千年以上的古树相比太渺小，从一棵小树培育成百年以上的盆景，要有很多人接力才能完成，才能成为真正传世的活的艺术品。这是功德，也是贡献。

　　我们如果从大自然中强取一棵百年或几百年以上的古树来改造成个人喜爱的玩物，这不叫艺术。树木在大自然中可以无限生长，到我们手中管理不好可能会死掉，死掉了就是人类对自然的犯罪。玩盆景重在一个玩字，一个过程。人生百年，不要留下"前科"，珍爱生命，保护古树。

绝代双娇

刺柏

盆龄 30 年

高 138cm　宽 116cm

绍兴璞祺艺境酒店收藏

曹克亭制作

翠松汇文

黑松

盆龄 30 年

高 120cm　宽 130cm

绍兴璞祺艺境酒店收藏

曹克亭制作

柏木清音

刺柏

盆龄 32 年

高 130cm　宽 135cm

绍兴璞祺艺境酒店收藏

曹克亭制作

绿播江南
黑松

盆龄 27 年
树高 76cm　宽 105cm
盆宽 38cm　长 45cm
绍兴璞祺艺境酒店收藏
曹克亭制作

高山迎客

黑松

盆龄 30 年

高 120cm　宽 140cm

绍兴璞祺艺境酒店收藏

曹克亭制作

山林漫步——曹克亭盆景、中国画、奇石集

禅院钟声
大阪松丛林式组合

盆龄 15 年

宽 69cm　长 136cm

树高 99cm　宽 148cm

共荣共生
大阪松丛林式组合

盆龄 15 年

树高 95cm　宽 115cm

盆宽 57cm　长 72cm

山林漫步——曹克亭盆景·中国画·奇石集

松之舞
黑松

盆龄 25 年

树高 106cm　宽 153cm

盆宽 51　长 67cm

2018 年年底 摄

2010年春改作前姿态　　　　　　　2010年春改作后姿态

祥瑞
黑松
盆龄 32 年
高 100cm 宽 110cm

2000年春天上盆，秋天的姿态　　2004年春天换盆　　2004年生长姿态

2010年的生长姿态

铁骨翠云

刺柏

盆龄 33 年

高 116cm　宽 117cm

绍兴璞祺艺境酒店收藏

曹克亭制作

赏石兼盆景　皆能入画图

记忆春秋

刺柏

盆龄 24 年

高 120m　宽 130cm

绍兴璞祺艺境酒店收藏

曹克亭制作

　　刺柏盆景舍利干和神枝是一大观赏点，同时也是制作难点，很考验创作者的基本功。一件好的刺柏作品要看舍利干和神枝在整个作品中的比例，即作品的枯荣比例。枯的比例太多，苍老感太强；荣的过多又显得太年轻。一味追求雕刻，只能带来盆景的不健康。用好舍利干和神枝，可起到画龙点睛的作用。

崖上翠云

刺柏

盆龄 35 年
高 100cm　飘长 90cm
绍兴璞祺艺境酒店收藏
曹克亭制作

茶与盆景

品茶，一天的生活从茶开始。

听雨，人生在世，求淡雅之美，淡名、淡利。

昨天夜里的雨，早晨仍然在下。

推开窗子，清新的空气带着雨花，扑面而来，看院子里的盆景，在雨水的滋润下翠绿的叶面满是水珠，生机盎然。

玩盆景、整日忙碌，盼望着雨天能闲下。泡上一壶茶，一边品一边观赏院子里的盆景，慢慢看慢慢品，不经意间第一杯茶的苦味也慢慢褪去，留下的是回甘芳香。

看着那些一路伴我走来的盆景，回想起它们刚来时的秃头秃脑，只顶着几片绿叶，但就是这几片绿叶给了我希望，希望能成为我心中的理想。

每天一杯茶伴随着盆景慢慢成长，春天的新芽变成茶，新茶的芳香抗于寒冬的风霜。盆景的新叶是新一年的开始，盆景的成长一年四季，春芽，夏绿，秋天的五彩斑斓，冬天雪中的梅花斗寒而放。盆景人的辛苦皆在一壶茶中，有苦、有甜。

一杯清茶品尽人生。

一盆盆景阅读世间沧桑。

翠柏千年

翠柏

盆龄 30 年

高 104cm　宽 105cm

绍兴璞祺艺境酒店收藏

曹克亭制作

【黑松盆景】
《祥瑞》成长记

是树，生于天地
是景，扎于盆中

　　树桩盆景中的直干型是盆景中造型最难的，如果选材是黑松那就更难，特别是山采桩。盆友们喜爱山采黑松是因其在自然界中生长有一定年份，有一种沧桑感，每一棵下山黑松桩又都有它们的特点，所以，选对下山桩，也就成功了一半。

　　直干式盆景就是用最简单的线条创作出最有挑战性、阳刚性的盆景。选择直干式松树盆景的创作者首选是追求高大上，把自然界中的名松，如泰山的将军松、黄山的

祥瑞
黑松
盆龄 30 年
高 98cm　宽 100cm
绍兴璞祺艺境酒店收藏

迎客松、团结松……作为自己创作的蓝本。以松铭志，充分展现创作者的品格。

《祥瑞》是1994年从蚌埠市东郊山上采回的23棵黑松中种植成活的一棵，选桩时没有实际经验，第一出发点是选携带土球、容易移栽成活的，至于桩型只要能做盆景即可。《祥瑞》成活后，在1995年上盆，上盆后简直就是一只"丑小鸭"：一根直干，缺枝很多。好在基部不错，第一出枝的位置还好。至于其他，在以后的成长过程可以慢慢培育。由于是种活的第一批下山桩，我付出了很大的耐心，努力去塑造它，希望它长成为一身正气、雄伟壮观的"男子汉"。

经过近30年的培育，"男子汉"气概设想已形成。在这漫长的培育过程中，我积累了丰富的经验。从一棵自己选择的下山树桩，到栽培成活、上盆，再对它的优缺点有针对性改造使其逐年丰满。通过造型使它成长为一棵大树，通过切芽、控针、增加密度，使其树冠饱满，真正达到黑松盆景技术的标准。

30年的时间是一个漫长的过程，培育一棵黑松盆景，最终的成型很重要，但更重要的是享受这一过程，特别是在早期缺乏指导经验的情况下，尝试去栽培下山黑松桩，本身就是一种探索。在尝试中，不乏很多次失败，失败的苦恼是难以想象的。但当多次失败积累的经验最终换来成功喜悦的那一刻，之前一切的辛苦劳动和努力付出都是值得的。盆景是有生命的艺术，要尊重生命，在完成创作的同时给予植物生命的延续，并使之成为一个艺术作品，这才是最大成功。

我们在欣赏盆景时，特别是大树型直干式的盆景，它更富有阅读性。通过直干这个最简单的线条，表达岁月的沉淀、积累，简单而不简约，就像谦逊内敛的中国人，自古以来在天地万物中以小见大，化繁为简。树虽在盆中，但生命的成长，由弱小到强大，如参天大树般生长；也如创作者自身，修剪出自己的"物"，修炼出自己的"道"。

1995年上盆时姿态

1999年的姿态

2005年的姿态

心诚

黑松

盆龄 28 年

高 110cm　宽 130cm

云起云动

黑松

盆龄 30 年

飘长 110cm

绍兴璞祺艺境酒店收藏

曹克亭制作

同根相生

黑松

盆龄 28 年

高 120cm 宽 80cm

绍兴璞祺艺境酒店收藏

曹克亭制作

岁月年华

刺柏

盆龄 25 年

高 130cm　宽 120cm

绍兴璞祺艺境酒店收藏

曹克亭制作

春秋记忆

米叶罗汉松

盆龄 20 年

高 90cm 宽 96cm

舞动春风

雀舌罗汉松

盆龄 20 年

高 96cm　宽 90cm

苍松新歌
黑松

盆龄 30 年
高 183cm 宽 155cm
绍兴璞祺艺境酒店收藏
曹克亭制作

赏石兼盆景　皆能入画图

千秋伟岸
榔榆

盆龄 35 年

树高 98cm　宽 110cm

盆宽 53cm　长 80cm

绍兴璞祺艺境酒店收藏

岸上翠色

瓜子黄杨

盆龄 40 年

高 116cm　宽 148cm

绍兴璞祺艺境酒店收藏

曹克亭制作

清风长歌
瓜子黄杨

盆龄 22 年
高 108cm　宽 100cm
绍兴璞祺艺境酒店收藏
曹克亭制作

山林漫步 ——曹克亭盆景·中国篇·奇石集

春辉

紫藤

盆龄 20 年

高 96cm　宽 80cm

山林漫步 ——曹克亭盆景·中国画·奇石集

琴藏幽谷知音绝

韩文宇

十年红梅深东藏，不放飞雪逆风扬。
子期难觅瑶琴绝，奈何枝落百花江。

高山与流水（伯牙与子期）

榔榆（丛林式）

盆龄 35 年
云盆宽 63cm　长 148cm
绍兴璞祺艺境酒店收藏
曹克亭制作

山林漫步——曹克亭盆景，中国画，奇石集

春秋年华

榔榆

盆龄 35 年

高 72cm　宽 118cm

盆宽 47cm　长 59cm

春艳秋实

紫藤

盆龄 20 年

高 100cm　宽 105cm

喜柿连连

老鸦柿

盆龄 12 年
高 90cm　宽 60cm

柿柿如意

老鸦柿

盆龄 12 年

高 90cm 宽 80cm

该桩是2002年购自安徽省青阳县境内，它算是当年购买的树桩中品相较差的，从体量看做景观树小了，做盆景桩又大了，更要命的是根的宽度超过树的高度，锯掉又会影响树的成活。最后选择地栽，几年后三、四级枝逐步丰满，下部的根盘考虑再三决定采用高压的方法来处理。

根据上下比例，在合适的高度环绕一圈，切掉部分皮层，之后涂上生根剂，围上沙。2年后，切掉皮层的部分全部长出新的根系。3年后将树挖出，将发新根的下部全部锯掉，上盆，一棵无用之桩华丽转身。

岁月如歌
三角枫

盆龄25年

树高134cm　宽136cm

盆宽46cm　长70cm

树高 87cm　宽 116cm

盆宽 60cm

赏石兼盆景　皆能入画图

寒树春歌

对节白蜡

盆龄 20 年

树高 87cm　宽 116cm

盆宽 60cm　长 105cm

附以山石，则成盆景
——当代山水盆景创作的"三个关系"

近些年中国的树木盆景发展得很快，品质也越来越好，观赏性越来越高，可山水盆景的发展显得滞后，我们从全国举办的各类盆景展中可以看到山水盆景数量越来越少。

出现这种情况，一是受资源的影响，石种少，老石种用了几十年后再创作出新的模式很困难；二是创作队伍老化，现在有很多人还在为30年前制作的山水盆景、水旱盆景点赞，盲目追求大师作品，也是阻碍当今山水盆景、水旱盆景发展的一方面；三是创作队伍重制作、轻理论。模仿别人多，自己创作的少。年轻人必须拓展思路，从中国传统的山水画论中学习画理、吸收营养，把这些营养充分应用到我们的山水盆景、水旱盆景创作中，走上创新之路。

随着中国观赏石发展，除了传统的"四大名石"外，出现和开发出很多新石种。如广西红水河的各类奇石，内蒙古、新疆的大漠戈壁奇石，五彩缤纷，还有其他区域出现的新品种奇石很多，有些是不具备观赏石的条件，但用来做山水盆景却是一流的。戈壁石制作的小型山水盆景，内容丰富，不拘一格；用福建漳州华安产的九龙壁制作大中型山水盆景，特别是平远式山水盆景圆润饱满，令人叫绝。新的石种在组合、制作上，要打破原有的格式，还要加强理论建设。有了理论，创作就有了目的。

一、盆与石的"空间关系"

山水盆景以盆为载体，在固定的范围内运用各类石种，在有限的空间中，创作出无限想象的山水美景。表现方式有高远式、中远式、平远式。不同的形式展现出不同的美景。有限的盆面应用的石头也是有限的，如何把有限的石头表现得淋漓尽致？那就要处理好盆与石的关系，这种关系也是空间关系，空间关系处理得好，即使满盆皆石也空透无限，处理不好即使一块石头也可能满盆皆死。

要处理好空间关系必须要学习中国画论中谢赫的"六法"：气韵生动，骨法用笔，应物象形，随类赋彩，经营位置，转移摹写。谢赫的"六法"是学习中国画最基础的理论，指导中国画发展千年，不可替代。

把"六法"应用到中国山水盆景的创作中，中国山水盆景的创作才能有理论、有基础，特别是"六法"中的"经营位置"和"气韵生动"。一盆成功的山水盆景源于好的布局，布局也就是"经营位置"。主峰、副峰、近景石、远景石在盆中的布局。

布局中的空间，也就是中国画中的留白。所留的白是云或是水，所产生的实际效果在于画中主体山峰的位置，山水盆景中的留白就是空间，有了好的空间也就能展现盆中的水是江、海、湖泊或小溪流水。

山势壮观、流水滔滔，自然就产生了气势，有了气势也就表现出了"气韵生动"的画面，生动也就拉近盆景创作者和观众的距离，赢得观众的好感，那我们所创作的作品也就是好的作品。

二、树与石的"疏密关系"

一幅好的山水画必须树石结合，近树大，远树小，大树小树相互穿插结合。树在一幅画中的布局很重要，也是决定一幅好画的重要因素。可中国山水盆景不像中国画一样，山水画在纸上，一笔江河万里。而山水盆景要在盆面中使有限的石料表现出无尽江山则有更高的难度。初学者临摹优秀或大师的作品掌握一定的要领后，必须要走自己的路，发展自己的山水盆景、水旱盆景之路，才能取得成功。否则沿着别人的路只能走进死胡同。

创作一盆好的山水盆景选好的石料是最基本的条件，可树才是最重要的，山水盆景展现给观众的首先是树。创作者要认真选择，真正要展现作品的个性，就必须有目的地培养一棵树或者一批树。贺淦荪大师创作的动势盆景，无论是树桩盆景还是山水盆景中的树都是自己培养出来的，只有自己培养的树有目的地应用到作品中，才能不拘一格展现出盆景的精、气、神。

山水盆景中如果只用一棵树为主题，那这棵树一定是成熟的、有较好造型的树，七分自然、三分人工，前后、左右伸展有序、疏密有致。如果是一组树，大树、小树培植一定要有序，前树大、后树小，疏密相间，密不通风，疏可走马。布局前根据使用的树木大小要预先留出植树的空间，并确保方便以后的养护。山水盆景所使用的树，一定是活的植物，切忌使用人造植物，人造植物和大自然中的植物色彩格格不入。盆景是有生命的艺术，有生命才能欣欣向荣。

山水盆景中石头的处理也要疏密有致。主石在盆中的位置一定要放在黄金分割线上，一定要处理好主石与配石之间的层次关系、空间关系、疏与密。坡脚延伸的长度要恰到好处。坡脚小石的布置，看似石小但在整盆的造景中却格外重要，盆中水势的走向，全由小石的布置来决定，小石中的大与小、疏与密同样重要，也更能体现作者的基本功。

三、"景由人造、宛若天成"，人与景的关系

一首山水诗、一幅山水画、一盆山水盆景，如果想创作成功，源于作者对大自然景观的热爱，对生活的热爱，对传统文化的热爱，可如果仅仅靠热爱还远远不够。优

秀作品的产生是人与自然的沟通，也是人与景的关系。

走进大自然，感悟大自然的千变万化，一年四季，风、雪、雷、雨构成四时美景。"天门中断楚江开，碧水东流至此回。两岸青山相对出，孤帆一片日边来"。李白这首《望天门山》脍炙人口，流传千年。这首诗应该是他途经长江三峡时有感而发，是诗人的心灵对大自然的回应。

当代中国最著名的山水画家陆严少先生，在抗战胜利后要从重庆返回上海，可当时回沪船票一票难求，他手中的钱只够妻儿的路费，经朋友介绍，陆严少先生可以免费乘坐江上木筏到汉口。当年的三峡可是长江最著名的险滩，放筏人本身也危险重重，但陆先生归心似箭，决定乘坐木筏顺江而下。这次行程让他充分领略了三峡两岸自然风光，山势雄伟壮观，江水滔滔，急流险滩，滚滚向东。壮观的三峡险峰、湍急的江水在他脑中打下了深深的烙印。一次艰难的旅途却造就了一位山水画大师，陆严少先生画的云、水是中国山水画中无人能及的。特殊的旅途与三峡美景令人终生难忘，这也是人与景、情与景所产生的共鸣。

天人合一，情景交融。我们应该学习陆严少、李可染等山水画大师，走进名山大川，去寻找我们的创作灵感。广西桂林漓江两岸山峰耸立，群山连绵不断，山在江水中，水随山峰转，风景如画，江水两岸的坡脚石特别入画，大、小自然分布，是构成山水盆景创作的蓝本，是山水画最好的写生基地，也是最好的教科书。大自然的山水景观连接我们心中的源泉，取之不尽，用之不竭。山水盆景是画，就要用画家的高度去创作；山水盆景是诗，就要用诗人的情怀去讴歌。

盆与石的空间关系、树与石的疏密关系，"景由人造、宛若天成"人与景的关系。这几个关系是创作山水盆景的基础。有了好的基础，才能创作出好的作品。

【山水盆景】

《山水清音》成长小记

山水藉文章以显，文章凭山水以传
为山川"传神写照"

水旱盆景《山水清音》是我根据谢灵运等中国诗人的山水诗创作的。中国古代的绘画论中，专门论述山水画的北宋著名大画家郭熙的《林泉高致》中的一段话非常经典，极为精辟地表现了艺术家对于真山水观察的细致程度。他说："真山水之烟岚，四时不同，春山澹冶而如笑，夏山苍翠而如滴，秋山明净而如妆，冬山惨淡而如睡"。

这样的叙述使人极易联想到现实山水盆景的艺术创作，它以一种相对客观的具象方式予以表现。中国的盆景艺术就是山水诗，以形为道、以形写神，但它又必须要"外师造化"，浓缩大自然的景观，给人以美的享受。

《山水清音》是2009年冬季完成的，其创作思想以山水立意，表现出诗情画意，还力求在形式上有所创新，突破一些固有模式，给人耳目一新的感觉。

作品石料为一半钟乳的沙积石，看似一块很简单实际又没有使用价值的石料，经过多次构思，采用以石为盆、盆上加盆的手法，增加盆面的立体空间和透视效果，以丰富画面，增加盆面的留白，给水更大的表现空间，使有限的盆面得到更大的利用。

按常规水旱盆景的做法只有一个画面组合，而现在有两个画面组合，即上层的树木组合和下层的山石组合。上层树木部分是选择四季常青的真柏，真柏的主要特点是适应性强、生长缓慢，树龄大的有一定的苍老感。组合好可以充分表现出大自然山水与原始村落的感觉，"夏山苍翠而如滴"。《山水清音》所用5棵真柏，在组合上错落有致、疏密结合，有很强的观赏效果。

下层是石的组合，一块主石的上面已改造成盆用来植树，而下面倒挂的钟乳在组合时左重右轻，左实右虚，右边构成大的悬崖，形成一个大的空间。在小石的组合上力求石的纹理走向统一并留出通洞坡脚和远山。最终达到前近景后远景的透视效果，开阔的水面、行走的帆船增加了画面的动感。上层的树木错落有序，树下植被绿苔、小花点点，下层的农舍、渔舟、帆船构成了很美的诗情画意，充分展现了山水清音创作的目的。

这种盆上加盆的表现技法可以同时展现树木组合和石的组合，突破了山水盆景表现树木部分的不足，又可以使水旱盆景中石的表现更加丰富。二者合一使水旱盆景的内容更加丰富。

在中国传统文化艺术作品的传承中，任何一个成功的艺术品创作者只完成它的一半，还有一半是靠鉴赏者和读者来完成的，也就是说中国传统文化艺术中的诗歌、书法、绘画、音乐、戏剧等，几千年来长盛不衰，一代一代传承一下来，靠的是鉴赏者，没有鉴赏者的批评、赞美，它是无法前进的。所以，今天我们的山水盆景发展缓慢，当代盆景推陈出新少，与盆景艺术鉴赏者队伍没有形成有很大关系。如果我们的盆景文化艺术在发展的同时也有一部分鉴赏家的群体出现，会对盆景的创新、技法的提升、文化水平的提高有很大促进作用。

山水清音

钟乳石、真柏

高 73cm　长 150cm　宽 60cm

《山水清音》从2009年创作完成后，随着树木的生长，并借鉴同行以及参观者的品评，不断修整，有所收获。但缺点也随之凸显出来：树木过密后主次不分、疏密失调，失去左重右轻的原则；上层的树木部分显得过重，对下层形成压迫感。所以，2013年春季决定对树木部分进行二次组合。

在重新组合的过程中，继续使用真柏并设立黄金分割线，这样就符合原先左重右轻的创作理念，在组合上给树与树、枝与枝留出生长空间，使之在今后的生长过程中保持较好的疏密度。在下层石的组合过程中保持原有的优点，只对坡角进行调整。

重新组合后，作品整体空朗很多，主树抬高形成长三角形构图，上密下疏，注重前后搭配，增加了树林深度。总之改作的过程也是提高的过程，成功与否还要鉴赏者说了算。

水旱盆景、山水盆景是中国盆景文化艺术的重要组成部分，它较之树木盆景更具有中国传统文化内涵和诗情画意。

山水盆景需要创新，中国盆景艺术家要把握艺术的感情思维，提升自己的眼力，走近大自然、观察大自然、阅读大自然、感悟大自然，从山川万物中提升出一种更纯净、更深沉、更广阔的意境，为山川"传神写照"。

2009年初次完成后的作品姿态

2013年春二次改作后的姿态

渔家乐

千层石 真柏

高 51cm（石）

长 120cm　宽 40cm（盆）

出峡图
千层石

高 39cm　长 100cm
宽 30cm（盆）

江上渔家乐

千层石

高 58cm（石）

长 150cm　宽 60cm（盆）

青山帆影

火山岩 真柏

高 70cm　长 150cm

宽 60cm（盆）

清江渡友图
千层石
高 42cm（石）

长 150cm　宽 60cm（盆）

李白诗意图
千层石

高 27cm（石）

长 120cm　宽 40cm

赏石兼盆景 皆能入画图

绿水青山图
千层石、文宝金钱竹

高 58cm（树、石）

长 150cm　宽 60cm

春江泛舟图
千层石、真柏

高 62cm（树、石）

长 150cm　宽 60cm

李白诗意图

千层石

高 39cm（石）

长 150cm　宽 60cm（盆）

访友图
千层石
高 41cm（石）

长 150cm　宽 60cm（盆）

清江泛舟

千层石

高 25cm　长 100cm　宽 30cm

江山锦绣

黄太湖石、真柏

高 65cm(石)

长 125cm 宽 72cm(盆)

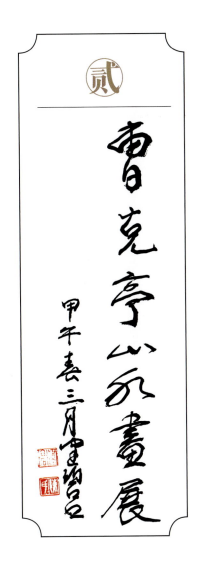

盆景是有生命周期的。如何以中国画的技法，展示出盆景的英姿，使盆景这一"活着的艺术"有限的生命得以延续……是我近年来思索，并努力尝试的题材。

历时两年，我从全国盆景精品展中，选出近百盆优秀的藏品进行创作。作品采用了中国画青绿山水的技法，表现出盆树枝干的苍老，叶片的青翠，使画面色彩亮丽，给盆景赋予鲜活的生命感，并请中国书法家协会的优秀书法家为盆景画配文题款。画作集盆景收藏家、书法家、画家三位一体，构成了一副生动而美丽的图画。它不仅具有艺术观赏价值，更具有艺术收藏价值，是一幅以盆景为主题的画卷，可传存于世！

这是我对"盆景走进国画，以国画展现盆景"的一次尝试，也是对两种艺术表现形式的创新。

寄情太行
曹克亭画
367cm×144cm

旭日东升

曹克亭画

90cm×97cm

岁月如歌

曹克亭画

180cm×97cm

山林漫步——曹克亭盆景·中国画·奇石集

黄山松图
曹克亭画
74cm×74cm

秋染李家山

曹克亭画

180cm×97cm

太行山居图

曹克亭画

180cm×97cm

吕梁山秋韵

曹克亭画

90cm × 97cm

山林漫步 ——曹克亭盆景、中国画、奇石集

134

西溪南之春
曹克亭画
136cm × 68cm

松翠千年

曹克亭画

180cm×97cm

山水清音

曹克亭 画

90cm×97cm

太行春秀

曹克亭画

136cm × 68cm

祥云
曹克亭画
136cm × 68cm

山林漫步——曹克亭盆景、中国画、奇石集

天骄
李洪太书
曹克亭画
97cm×90cm

般若波羅蜜多心經

觀自在菩薩行深般若波羅蜜多時照見五蘊皆空度一切苦厄舍利子色不異空空不異色色即是空空即是色受想行識亦復如是舍利子是諸法空相不生不滅不垢不淨不增不減是故空中無色無受想行識無眼耳鼻舌身意無色聲香味觸法無眼界乃至無意識界無無明亦無無明盡乃至無老死亦無老死盡無苦集滅道無智亦無得以無所得故菩提薩埵依般若波羅蜜多故心無罣礙無罣礙故無有恐怖遠離顛倒夢想究竟涅槃三世諸佛依般若波羅蜜多故得阿耨多羅三藐三菩提故知般若波羅蜜多是大神咒是大明咒是無上咒是無等等咒能除一切苦真實不虛故說般若波羅蜜多咒即說咒曰

揭諦揭諦 波羅揭諦 波羅僧揭諦 菩提薩婆訶 摩訶般若波羅蜜多

丁酉年秋月國文敬書

探海

探海
单峰　冯国文书
曹克亭画
146cm×97cm

黄山晴岚
曹克亭画
200cm × 129cm

黄山翠松图

曹克亭画

180cm×97cm

山林漫步 ——曹克亭盆景、中国画、奇石集

黄山彩云图

曹克亭画

180cm×97cm

山林漫步——曹克亭盆景·中国画·奇石集

金色岁月

曹克亭画

180cm×97cm

平太望子猴黄山

杨士林书　曹克亭画

360cm × 194cm

太行烟岚图

曹克亭画

360cm×194cm

灵气郁盘

张乃田书　曹克亭画

97cm×90cm

占得春光十二重

王心瀚书　曹克亭画

180cm×97cm

古柏千秋

曹克亭画

360cm × 194cm

黄山烟云图
杨士林题并书
曹克亭画
180cm×97cm

大漠雄魂
　曹克亭画
　248cm×129cm

心境
　曹克亭画
　136cm×68cm

太行人家
曹克亭画
180cm × 97cm

春回太行

曹克亭画

180cm × 97cm

秋山晴岚图
曹克亭画
360cm×194cm

买来老树连盆活
缩得孤峰入座清

李准题　曹克亭画

136cm×68cm

太行秋山图

曹克亭画

136cm × 68cm

太行秋山图

曹克亭画

68cm × 68cm

太行晴山图

曹克亭画

68cm×68cm

太行人家

曹克亭画

150cm×83cm

黄山晴岚
曹克亭画
136cm×68cm

千峰境秀
曹克亭画
136cm×68cm

寄情太行
曹克亭画
150cm × 83cm

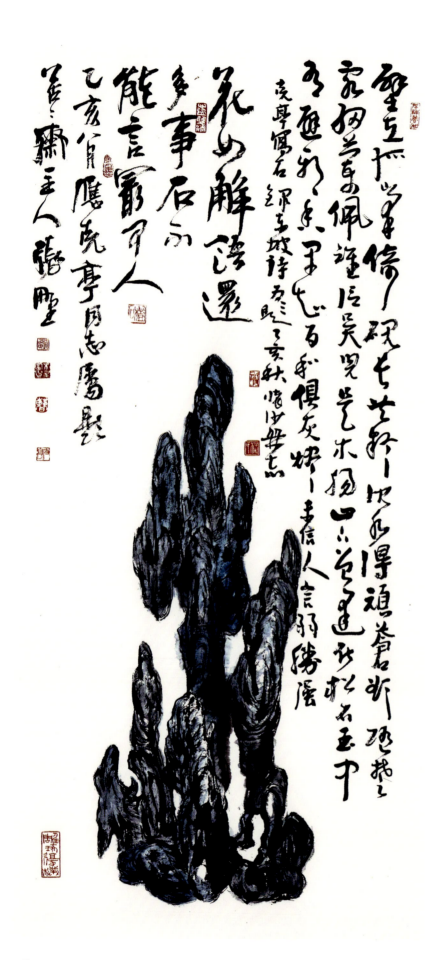

清供图

曹克亭 画

136cm × 68cm

漓江春早

曹克亭画

136cm × 68cm

黄山晴岚

曹克亭画

136cm×68cm

太行春山图

曹克亭画

68cm × 68cm

聽濤 癸巳青月郎曹克亭兽作于中都城古 陽鳳

听涛

曹克亭画

180cm×97cm

太行春图

曹克亭画

68cm × 68cm

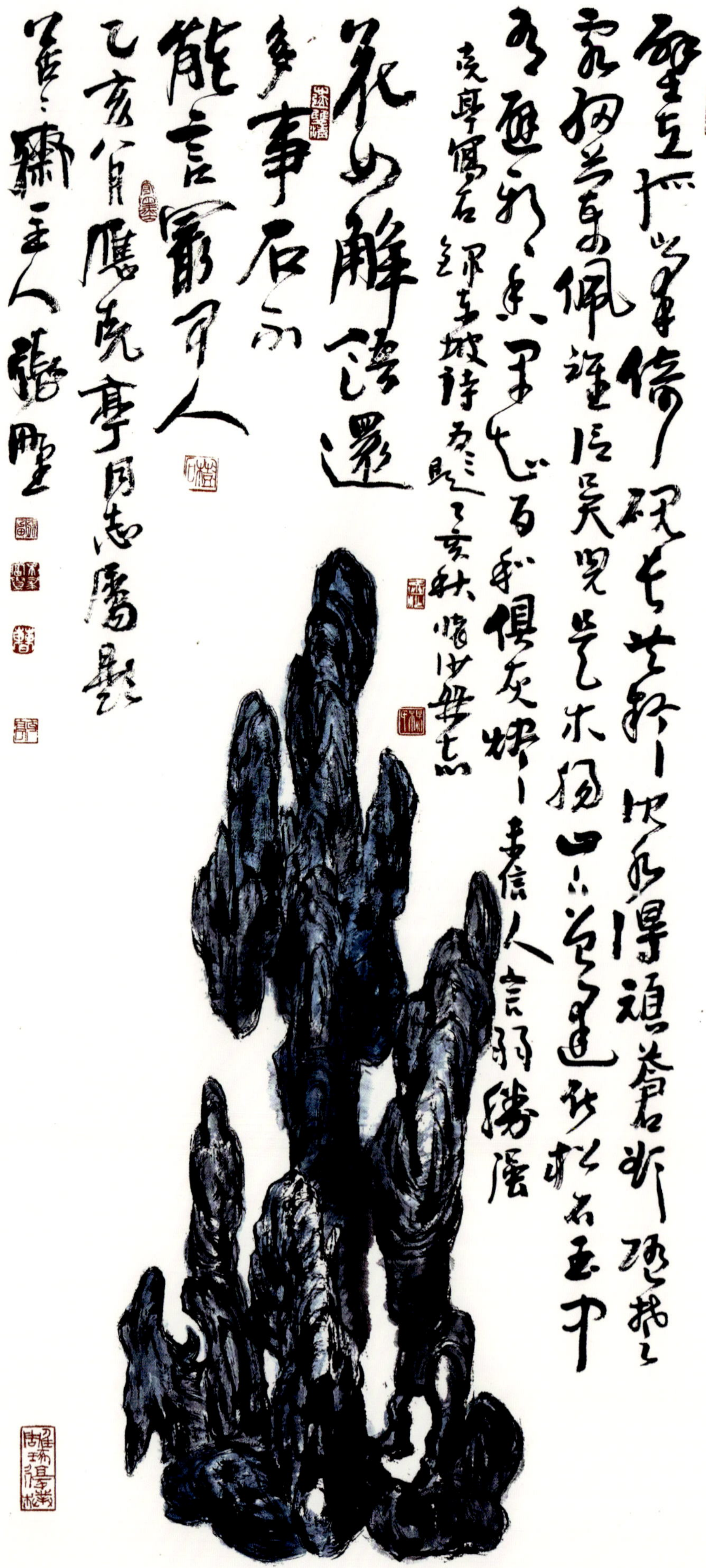

聖立而弗必傳，硯乏善拊，次及得頑蒼者斯瑰琦之
寶物夢蓬李佩誼信吳呉先生木愚巴包遮砂松石玉中
多延乎其筆墨我懼灰坡一書信人言羽陽陰
亥亭寫名錄東坡詩為題乙亥秋惜秒毋忘
花如解語還
多事石不
能言竊可人
乙亥夏鷹兒亭李同志鷹影
篁三人張朋聖

奇石不是艺术品,是大自然馈赠的精灵。

灵璧石说

文：杨士林（安徽）

"古玩"在文人口中
不说"古玩"而叫"文玩"
意思是文人雅玩之物
也就是说，要玩这些玩意儿
得有一些历史文化知识才行
灵璧石，千奇百怪
委实可玩，但它与淮河文化
却有着千丝万缕的历史渊源
对于玩石人来说，不可不知

一次偶然的机会，在外地一位朋友座上，见到一块洞壑漏透、峰峦毕具、扣之铜声铿然的奇石，相询，知为灵璧石。它对我的震撼，不亚于一幅古代书画名迹，使我惊讶自然灵物之奇，以致久久不忘。这大概便是与灵璧石的初恋吧。

我之所以喜爱灵璧石，与淮河文化还有些关联。我生在淮河边，对淮河一往情深，对淮河文化的博大瑰奇更是梦绕魂牵。作为道家文化发祥地的淮河流域，处处留有老子、庄子、淮南子的足迹，山石草本中无不沁散出道家文化的馨香。在我眼中，这些恰在灵璧石中得到积淀，为我内心深处立起了道家自然灵奇的美学偶像。

值得庆幸的是，我有一批收藏灵璧石的朋友，手头均不乏精品。他们的藏品为我的研究提供了有利条件，使我这个两袖清风的文化人，免去了很多搜寻的苦恼。

灵璧石，听其名，已可窥其实，让人倾心。它自远古走来，在恍恍惚惚中成就了自身，纯化了自身，成为淮河的骄子。据《尚书·禹贡》记载，在上古夏、商、周三代时，它便已脱颖而出，成为淮河流域向王室进奉的贡品。"厥贡惟……峄阳孤桐，泗滨浮磬，淮夷蠙珠暨鱼……"泗水之滨的磬石与邳州峄山之阳的桐木、淮河中的蚌珠，同为珍贵的贡品。泗水，为淮河的重要支流。当年泗水浩荡，岸边的山石在浪中起浮，在水的撞击下，发出清脆悦耳的乐声。人们根据这石头八音克谐的妙声，雕琢成石磬，以作音乐礼器，故将石头称为磬石，又将石头琢磨成祭天的圆璧，故又称之为灵璧。灵璧县名，即得于此。

人类对石头的钟爱，在上古，大约是同生存实用相联系的。旧、新石器时代，除实用外，尚有原始宗教图腾崇拜的因素在。实用的本身已产生审美的价值，而图腾崇拜则更具有一种神秘的敬畏感和审美心态。石头的灵性，在人类先祖的脑际里已深深铭刻，人同自然的默契，在这里已达到高度和谐。

如果说，人类在上古对奇石的钟爱主要基于实用性的话，那么，随着文明的进程，奇石在人类心目中已渐纯化为审美对象，而失去实用性。所以，《尚书·禹贡》中才有九州纳贡的贡品中关于磬石及泰山溪谷中怪石的记录。

我曾去磬云山探究过磬石开采的现场。农民于秋冬二季去山坡掘石。奇石大多埋于地下1m深左右，农民发土方能得石，奇石大小皆自然成形，以形态完整无断裂为上，出塘后，刷去浮土，用淡盐酸稍加处理，然后以清水冲洗，其天然光泽便凸现出来。

面对形质各别、色彩纷繁的灵璧石，不能不浩叹大自然鬼斧神工之妙。

从造型上看，天上飞禽，地下走兽，人类精灵，无不包罗。

另有状物象形之类，如峰峦石，或大或小，皆极尽丘壑变化之美。

从纹理图案看，有的如秦汉石刻，雄浑简朴，线条古拙，意象万态；有的如史前岩画，玄奥诡秘，疑为太空人所为。图像倏忽万变，不可捉摸。

灵璧石筋脉畅达，或竖贯、或横缠、或细密、或粗疏、或黑色质地上金丝银线蟠屈、或白色质地上红黑石脉经纬，不仅色泽俏丽，且将石头块面分割得斑驳陆离。更有一种如《云林石谱》中所载："石理嶙峋，若胡桃壳纹，其色稍黑"的灵璧石，表面观，如太古玄石，苍老朴拙，色黑如漆，其上纹理纵横，相互交织，似老龟之甲，似胡桃壳，自然天工，纹理之美，令人叹为观止。尤为奇特的是，那纹理龟裂凸凹，乍一看，似感粗糙，然用手触摸，会让你大为吃惊，其手感温润滑腻，如昆山美玉，令人爱不释手。也有些石纹，则似老树年轮，圈圈相复；有的则如云绕水环，将石头细加圈点。这些，犹如造化着意将人世更迭，沧桑变迁，借此以铭刻在这历劫不磨的奇石中，昭之后世，传之千秋。

如从色彩上看灵璧石，则又有一番风韵。除墨黑、青黑外，灵璧石尚有白色、五彩等色。墨黑者，色近太古。光润可鉴，玄意幽微。青黑者，黛色氤氲，如苍松之烟，迷雾蒙蒙。白色者，有的纯白无瑕，色如羊脂之玉；有的在白色底面上，突然有"天外来客"，撞击上几点黑色斑块，嵌色之巧，令人百思难得其解；有的在白的石面上，赤泥积渍，岁久坚实附着，形成堆塑图案，红白辉映，别有一番神趣。五彩灵璧家族，则更是面貌各异，红黄紫白黑，或全色相聚，争奇斗艳，或二三色搭配，刘、关、张携手登台。造化确是一位万能的色彩大师，让一切高明画家都倾倒在它的脚下。

近年，海外掀起一股以禅喻石的热潮。他们将一些圆厚敦实、无角少棱、难以为喻的奇石，称之为禅石。这是一个绝顶聪明的说法。其实，禅是中国的特产，是中国本土以道家文化为主体同外来佛教文化撞击融合的产物。以禅喻诗、喻画、喻书，古已有之。就是以禅喻石，也已是老祖宗的家珍。远的不说，就说清代的曹雪芹吧，他不是早已把青梗峰下无用的顽石赋予了禅性吗！灵璧禅石，有它特殊处，尝见几块禅石，不方不圆，似圆似方，纹理细密，呈块状分布，乍看似龟甲文，又似呈八卦之相，细看则又觉变幻莫测。世间东西，本来就妙在似与不似之间，何必硬去追求似或不似？"忽闻海上有仙山，山在虚无缥缈间。"随形赋性，随缘随喜，即性即佛，这才符合禅的本性。以禅喻石，妙极，妙极！

记得在为一位朋友写的石展前言中，我曾将灵璧石特点归纳有五：色如漆，坚如铁，莹如玉，润如脂，声如钟。后细思之，犹觉未能尽妥，色如漆，难含白色及五影灵璧，声如钟，只有磬云山所产部分高档石有些玄妙之音，其他则绝少。如何给灵璧石进行恰当释读，尚待进一步研究。

清代"扬州八怪"之郑板桥曾说："米元章论石，曰瘦、曰皱、曰漏、曰透，可谓尽石之妙矣。东坡又曰'石文而丑'。一丑字则石之千态万状，皆从此出。彼元章但知好之为好，而不知陋劣之中有至好也。东坡胸次，其造化之炉冶乎！"板桥毕竟是怪才，其"怪"就怪在只眼别具，以东坡一"丑"字，涵盖奇石的大千风光。无怪乎、其同乡，清代美学重镇刘熙载在所著《艺概》中大肆张扬："怪石以丑为美，丑到极处，便是美到极处。一丑字中丘壑未易尽言。"

我佩服东坡的为人，从历史上看，做人做到宋代，也便做出了点人的味道。东坡一生，在大起大落中历尽坎坷，尝遍了人生的酸甜苦辣。然而他能参破人生，破执了悟，淡漠喜悲，洞达胸怀。乌台诗案，九死一生，放逐海南，几无生还之机，他却能在逆境中拥抱自然，高歌造化，"九死南荒吾不悔，兹游奇绝冠平生。"这不能说不是一种超然，一种通脱。活得艰难，而不觉累，活得冤枉，而不觉窝囊，他一路走来，潇潇洒洒。我想，东坡对人生的了悟，恐怕与其终生酷爱自然，以道家契合自然的人生观处世不无关系吧？他在题所藏"仇池石"诗中似有流露："一点空明是何处，老夫直欲往仇池。"东坡可谓一生爱石如命。有这样一则真实故事，东坡得到奇石仇池石后，视如拱璧，当作"希代之宝。"友人驸马王晋卿得知后，也极为欣赏意欲夺爱，既是友人又是显贵驸马，东坡面对此，亦不舍割爱，于是想了个不失体面的办法。他寄诗王晋卿，明说，我有"希代之宝"仇池石，你有唐代名画韩干的《牧马图》，你喜欢我的仇池石，我喜欢你的《牧马图》，"君如许相易，是亦我所欲。"两全其美，岂不妙哉！王晋卿终因《牧马图》不忍割爱，而未夺走"仇池石。"

作为天下名石的灵璧石，东坡对此亦非无缘，大约在宋元丰八年，东坡离黄州去金陵、扬州等地，道经泗州灵璧，访张氏兰皋园，东坡见张氏有灵璧奇石"作麋鹿宛颈状"，意欲得之，遂在主人素璧下挥笔作"丑石风竹图"。主人高兴以石相赠，东坡喜而"载归阳羡"，圆了他的灵璧奇石梦。

灵璧石在宋人眼中，几乎是独尊的。宋人杜绾所撰《云林石谱》，将灵璧石作为压卷奇珍。而另一位宋人赵希鹄在《洞天清禄集·怪石辨》中亦将灵璧石列为首位。宋人藏石、赏石之风，是极炽盛的，而且品位亦高，他们视石为灵物，完全把石头人格化了。

"瘦、皱、漏、透"也罢，"文而丑"也罢，公正地说，都实难概说自然奇石之美。其原因大约便在那"自然"二字之上。它纯系造化老人无功利无目的地随心所欲的杰作，无模仿，无重复。西方一哲人说，自然界找不到两片一样的树叶，同样，自然界又何尝能找到两块雷同的奇石呢？艺术创造是没有重复的。人类得此概念，大约也是从造化老人的智慧之山上挖取来的。

我喜欢纯真自然的灵璧石。愿善良的人都拥有一块心爱的灵璧石！

听涛

灵璧石

高 87cm　宽 38cm

石虽不能言，许我为三友

文房雅玩
精神桃源

　　香令人幽、茶令人爽、琴令人寂、石令人隽，文人案头，置一盆盆景，室内空间无限；放一方奇石，聚拳石为山，环斗水为池。中国饮茶注重一个品字。茶，品尽岁月的清闲与欢愉。我敬岁月一杯酒，时光添我一盏茶。赏石、悟石，片山多致，寸石生情。古代文人与石结缘者众多，虽然趣味各有不同，但大多寄志于石，以石抒情。喜欢石头的古朴典雅，钟爱石头的峥嵘、坚韧，反映了古代文人对人生情感的寄寓。
　　今人赏石，注重一个玩字，陶冶情操、修身格物。穷则独善其身，达则兼济天下。既有入世的理想主义，也有出世的豁达心境。

　　茶是水写的文化，不仅能洗胃，更能净心，在中国文化中是儒雅的化身，始终呈现出温和之美。喝茶使人内心平和，明代文学家徐渭说："煎茶非浪漫，要须人品与茶相得。"
　　石是一种文化，"瘦、皱、漏、透"千古不变，置于案头茶台，独自一人，一杯茶、一方石头，茶慢慢饮，石慢慢品。看不尽的透，个中乾坤，精气相连，尽在大洞小洞之中。心境两忘，无我之境，以此达到心源与造化的和谐统一，最终达到一种天人合一、物我相融的审美境界，去发现自然界中的诗情画意。

新疆蛋白石
高 38cm　宽 17cm

白云出岫
新疆蛋白石
高 38cm　宽 17cm

四面观音

吕梁石，灵璧石中的新品种，是20世纪90年代后期挖掘的新品种。吕梁石形态各异，种类丰富，有山形石、形象石，而形象石中人物形象石却很少。笔者收藏的这方形象人物造型石——"四面观音"，乃天工造物，形似神似俱佳，在中国形象人物石的观赏收藏品中，是不可多得的神品。

古人说，在灵璧石的欣赏收藏中，一面观居多，两面观少，而四面能观者万里出一，可见灵璧石中的四面能观者更是可遇不可求。"四面观音"最为奇特的是四面可观，每一面均展现出不同形象的人物，而人物的形象和佛像人物的观世音菩萨极为相像，所以将这方奇石定名为"四面观音"。

"四面观音"正面、背面的人物形象均为立姿，人物造型比例准确，昂首挺胸，头部发簪耸立，衣袖飘飘，十分灵动，人物底部现海浪纹，如同观音菩萨，神采奕奕，踏浪而来；立姿背面，健步而行，衣带着风，足踏海浪，徐徐而行，两面立姿，一来一去，尽显观音菩萨普度众生之风采。

"四面观音"左右两个坐姿，人物身体各段比例合理，头部发型优美，面部祥和，仪态端庄，衣纹线条丰富多变，体态前探，给人以亲近之感。又如给弟子们讲经、授课。一石四面，面面精彩，天工造物，得此一方，足矣。

在中国观赏石的分类中，有山形石、抽象石、传统石、形象石等。而其中最为普及、最为人们所接受的是形象石，也是赏石者最爱收藏的一个类型，在形象石收藏中，品位最高的应该是形象人物石，人物石中品位最高的是神像人物石、名人石。

人物形象石的鉴赏与评价，以形似为前提，以神似为要旨，灵璧石也不例外。我们也可以以绘画理论鉴评形象人物石，齐白石曾说："妙在似与不似之间"，石涛也曾说过："不似之似似之"。

奇石是自然的神工造物，非人工所为，似者难求，逼真者更难能可贵。况且，自古以来，绘画界也不一概排斥形似。南朝画家宋炳，虽有"万趣融其神"之说，但他仍坚持"以形写形""以色貌色"的观点。六朝四大家之一顾恺之"以形写神"和他传神写照的论点，是奠定我国传统绘画理论的基石。清代画家邹一桂则坚定认为："未有形不似得其神者"。从哲学层面上看，战国时候的哲学家，荀况便有"形具而神生"之说，可见形似是神似的前提和基础，没有形似，何来神似。

形象人物石，不论是全身、五官俱全的，还是不见五官，只见体态的；也不论是全身、半身、胸像、头像的，道理都一样，没有形似做前提，别奢谈神似的境界。

"四面观音"正面

"四面观音"背面

"四面观音"正面

"四面观音"反面

"四面观音"正面

多彩玲珑

灵璧一石天下奇，宝落世间何巍巍
声如青铜色如玉，秀润四时岚岗翠

　　灵璧石质地细腻温润，表皮滑如凝脂，石纹褶皱丰富，变化无常，石表起伏跌宕，峰壑交错，造型粗犷峥嵘，气韵苍古。

　　声如青铜色如玉。声，发音是灵璧石最大特色，特殊的地质结构，使灵璧石通过打击能产生出青铜般的声音，声色如洪钟，打击一下，声音在空中久久回荡。

　　中国历代帝国陵墓已出土的石磬，均是由灵璧石制成的，评价一方灵璧石第一标准就是有没有声音，声音好的石头可以通过打击不同的部位产生不同的音阶。造型再美的石头没有声音只能算次之。

　　灵璧石的石表纹理有胡桃纹、鸡爪纹、蟠螭蚰鳝纹、龟甲纹。其中，当代在灵璧县渔沟镇白马村出产的白马纹石纹理清晰回转，变化多端，其蝴蝶纹、凤眼纹令人叫绝，现已成为灵璧石中的娇子。

　　灵璧石色彩丰富多样，黑色、青色、白色、红色、黄色，不同颜色的灵璧石又各有自己造型的特色。

　　红灵璧"多彩玲珑"，整块石色彩丰富，在红色的主色调中又有紫红、粉红、褚红和少量的黄和黑，这种色彩的石头在灵璧石挖掘中很少见，也仅限于某山的一角有，不可能有多大的开采量，所以红色灵璧石就格外珍贵。在灵璧石的采挖过程中天然造型都有其特有的形态，可红灵璧"多彩玲珑"形似太湖石瘦、皱、漏、透，洞洞相连，圆润通透，身段秀美，亭亭玉立，在石的质地上更优于其他颜色的灵璧石，石的构成中有的部位已玉化。

　　红灵璧"多彩玲珑"，颜色独特，优美的造型，又有丰富的文化内涵，如置于厅堂，则满堂喜气洋洋，一石一世界，个个有乾坤，乾坤有大小，皆在石中藏。

多彩玲珑

五彩灵璧

高 198cm　宽 80cm

"八音龙"是我收藏的灵璧石中造型最生动的,形态似一条青龙,难以表述,头部宛如出水蛟龙,尾向上,整个龙身富有变化,天工所造,妙不可言。打击龙身等不同部位,均产生不同的音质,可打击出8个以上音节,声如钟磬,余音绕梁,叹为观止。

　　"八音龙"在20世纪90年代在天津市水上公园举办的全国盆景评比展中,得到专家的一致好评,被评为"金奖",在当时藏石界一飞冲天,获得满堂彩。

八音龙
灵璧石
高 50cm　宽 90cm

问君何事眉头皱，独立不嫌形影瘦。
非玉非金音韵清，不雕不刻胸怀透。
甘心埋没苦终身，盛世搜罗谁肯漏。
幸得硁硁磨不磷，于今颖脱出诸袖。

　　清人陈洪范将英石的特点，形神兼备地描绘出来。

　　英石属沉积岩中的石灰岩，主产于广东北江中游的英德山间。英石本色白色，因为风化及富含杂质（如金属矿物铜、铁等）而出现了黑色、青灰、灰黑、浅绿等色。常见黑色、青灰色，以黝黑如漆为佳。石块常间杂白色方鲜石条纹。石质坚而脆，佳者扣之有金属共鸣声，石质大多枯涩，以略带清润者为贵。英石轮廓变化大，常见窥孔石眼，玲珑婉转。石表褶皱深密，是山石中"皱"表现最为突出的一种，在造型中多以瘦长居多，大可立于庭院，小可立于案头。也有山形石、山峰多的，峰之间有砚形水池，称之为砚山，是英石置放案头上品中的上品。这件英石是我在北京一旧家具市场淘来的，原先被置放在老九四合院的花坛中。从这块石的自然分化表皮看有自然的颜色和包浆，应是一块旧石，石形上大下小，是传统的文人石形状。上部分两个峰，一大一小，右边小峰出峰，像一鹰头注视前方，大峰又形似鹰的翅膀，中部顺势而下，石面凹凸，富有变化，亭亭玉立，有动有静，是一方案头不可多得的文人石。

清供
旧英石

高 86cm　宽 42cm

"太行朝辉"全景山形石是巍巍壮观八百里太行的缩影,气势宏大,山形上下层次丰富,色彩多样。峰顶红色如日出的朝晖,中间黄色、黑色,又有红色,如同太行山王莽岭的红岩大峡谷。两山之间沟壑深潭,右下方的山洞通往那世外桃源,整个山峰走势延绵不断,断崖下坡脚延伸远方,围石走一圈四面可观。在大自然的造化下,一块石形成一座山,又山山相连,可观、可游、可居,如一幅画,一幅山水画,美丽壮观。

山形石在观赏石收藏和鉴赏中是最受人喜爱的,特别是像"太行朝晖"四面可观、色彩丰富,更是灵璧石中绝品中的上品,赏一块奇石如游那雄伟的太行山。

八百里太行被誉为中华民族的脊梁,太行山展现给人们的是壮观神奇,神奇背后是中华民族文化的博大精深。"愚公移山"是远古的传说。"红旗渠"壁挂公路,展现出当代愚公太行山人民战天斗地的大无畏的精神,这种精神也是中华民族的精神,将世代传承下去。

太行朝晖

五彩灵璧石

高 28cm 宽 75cm

钢铁是怎样炼成的
戈壁石、沙漠漆
高 32cm　宽 24cm

山林漫步 ——曹克亭盆景·中国画·奇石集

鬼谷子下山
黄灵璧
高 103cm　宽 65cm

砚山
白英石
高 30cm 宽 72cm

黄灵璧

清供
黄灵璧
高 103cm 宽 46cm

清供

灵璧石（白马纹石）

高 108cm　宽 25cm

山林漫步——曹克亭盆景、中国画、奇石集

清供
黄龙玉（籽料）菖蒲
高 109cm　宽 43cm

鉴真东渡

新疆戈壁石

高 24cm 宽 38cm

沙漠漆

大漠夕照
沙漠漆
高 19cm　宽 18cm

龟寿千年

灵璧石（白马纹石）

高 22cm　宽 32cm

山林漫步——曹克亭盆景、中国画、奇石集

凤还巢
黄灵璧
高 175cm　宽 116cm

雄狮
灵璧石（白马纹石）
高 48cm　宽 48cm

山林漫步 ——曹克亭立展、中国画、奇石集

清供

戈壁石（玛瑙组合）

规格一：高 17cm 宽 23cm
规格二：高 30cm 宽 15cm

山林漫步——曹克亭盆景·中国画·奇石集

凤舞
灵璧石
高 70cm　宽 68cm

兵马俑
千层石组合
高 35cm　宽 7cm

清供
红湖石
高 95cm　宽 42cm

《太湖石记》节选

唐·白居易

　　古之达人，皆有所嗜。玄晏先生嗜书，嵇中散嗜琴，靖节先生嗜酒，今丞相奇章公嗜石。石无文无声，无臭无味，与三物不同，而公嗜之，何也？众皆怪之，我独知之。昔故友李生约有云："苟适吾志，其用则多。"诚哉是言，适意而已。公之所嗜，可知之矣。

　　公以司徒保厘河洛，治家无珍产，奉身无长物，惟东城置一第，南郭营一墅，精葺宫宇，慎择宾客，性不苟合，居常寡徒，游息之时，与石为伍。石有族聚，太湖为甲，罗浮、天竺之徒次焉。今公之所嗜者甲也。先是，公之僚吏，多镇守江湖，知公之心，惟石是好，乃钩深致远，献瑰纳奇，四五年间，累累而至。公于此物，独不谦让，东第南墅，列而置之，富哉石乎。

　　厥状非一：有盘拗秀出如灵丘鲜云者，有端俨挺立如真官神人者，有缜润削成如珪瓒者，有廉棱锐剡如剑戟者。又有如虬如凤，若跧若动，将翔将踊，如鬼如兽，若行若骤，将攫将斗者。风烈雨晦之夕，洞穴开颏，若欲云歕雷，嶷嶷然有可望而畏之者。烟霁景丽之旦，岩墆靃，若拂岚扑黛，霭霭然有可狎而玩之者。昏旦之交，名状不可。撮要而言，则三山五岳、百洞千壑，覶缕簇缩，尽在其中。百仞一拳，千里一瞬，坐而得之。此其所以为公适意之用也。

金山银山
黄灵璧
高 56cm 宽 57cm

启母石的传说
灵璧石　五彩皖螺
高 60cm　宽 42cm

梦里高老庄
新疆戈壁石

高 45cm　宽 20cm

山林漫步——曹克亭盆景、中国画、奇石集

千峰竞秀

龟纹石

高 21cm　宽 66cm

壁立千秋

新疆戈壁石

高 33cm　宽 48cm

楼兰印象

吕梁石

高 46cm 宽 45cm

汗血宝驹

五彩灵璧石

高 60cm　宽 68cm

山林漫步——曹克亭盆景、中国画、奇石集

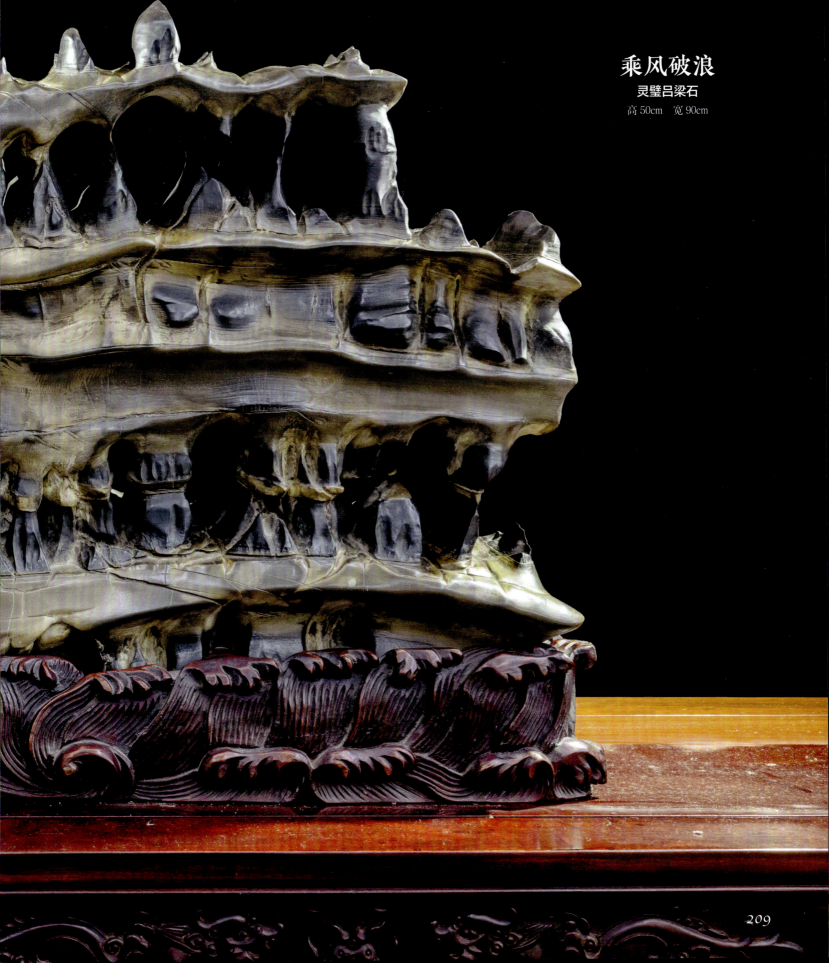

乘风破浪
灵璧吕梁石
高 50cm　宽 90cm

鸡鸣天上

灵璧石

高 69cm　宽 46cm

楼兰古韵

灵璧吕梁石

高 28cm　宽 40cm

玉兔奔月
黄灵璧
高 46cm　宽 43cm

苍山如雪
彩灵璧石
高 20cm　宽 26cm

黄岳雄峰

灵璧石

高 59cm 宽 46cm

仙山小九华
灵璧石

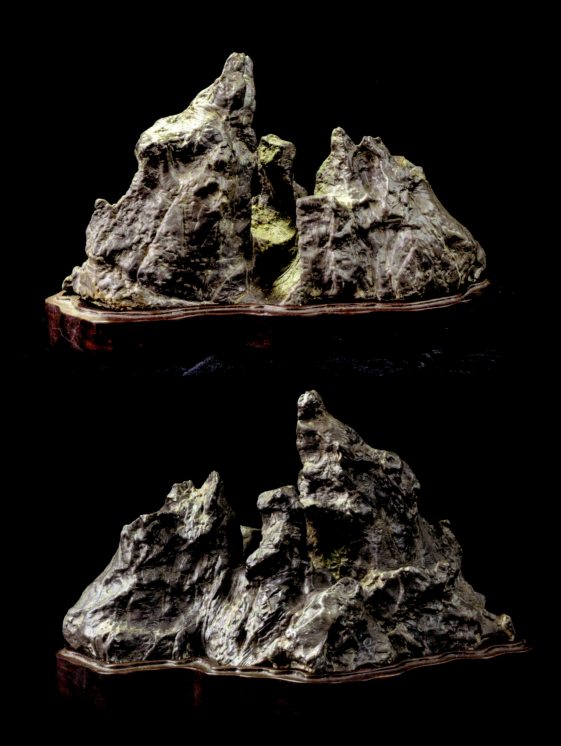

仙山小九华
灵璧石
高 15cm　宽 20cm

彩云追月
彩灵璧石
高 16cm　宽 47cm

清供
沙漠漆、英石组合
高 19cm　宽 18cm

渡海观音
戈壁玛瑙石
高 15cm

子母龟
灵璧石（白马纹石）

望月
灵璧石（皖螺石）
高 41cm　宽 48cm

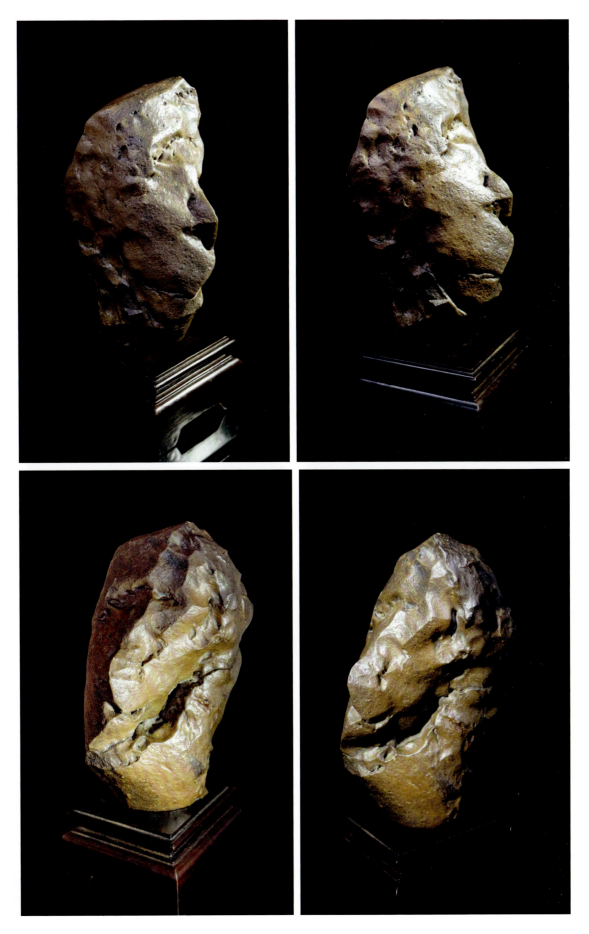

敲钟人
（卡西莫多）

戈壁石之沙漠漆

高24cm 宽11cm

灵山访友
新疆戈壁石
高 52cm　宽 52cm

　　玩石头是中国祖先发明的，也是中华民族特有的文化。每个民族都有自己的文化个性。越是具有民族性，就越具有世界性。只有强调民族性，才能在世界民族文化之林中占有重要地位。

　　中国传统赏石文化重要的文化内涵是瘦、皱、漏、透。奇石有灵气、有神韵，奇石蕴含的天地灵气、日月精华，无比奥妙。

　　当代赏石文化，更讲究的是形、质、色。形要美，质地要好，色彩要丰富、明亮。

　　观赏石，先讲究的是"观"，找到石头的形状，美在哪里，是外在的美；内蕴美？仁者见仁，智者见智。赏，是欣赏，是领会感悟，属于心智层面，欣赏水平高低之分全在心智。

蒲石文心

千层石

高 18cm　宽 21cm

智慧之源

戈壁石（沙漠漆）

高 8cm　宽 15cm

云林笔意

广东英石

高 8cm　宽 33cm

岁月流金
彩陶石
高 16cm　宽 18cm

日出
彩灵璧石
高 8cm　宽 33cm

寄情大漠
新疆戈壁石
高 15cm　宽 26cm

山林漫步——曹克亭盆景、中国画、奇石集

鹰击长空
灵璧石（白马纹石）
高 55cm　宽 49cm

小有洞天
古石
高 33cm 宽 46cm

蒲石之韵
千层石
高 28cm 宽 19cm（连座）

戈壁石山水盆景
虎须菖蒲
长 30cm 宽 12cm

新疆
戈壁石
虎须菖蒲、
石菖蒲（野生）
高 32cm 宽 24cm（连座）

烟云供养

广东英石
观音竹、金钱菖蒲

高 44cm　宽 46cm（连座）

问禅

戈壁石之沙漠漆
金钱菖蒲、虎须菖蒲

高 41cm　宽 24cm（连座）

蒲石文心

英石、戈壁石
菖蒲组合

虎须菖蒲、红秆观音竹

真柏盆景(小型盆景)
虎须菖蒲

物本无滋味,则不足以品玩。故玩物宜体其深情,会其深味。

蒲石雅集
灵璧石
高 17cm　宽 23cm（连座）
新疆戈壁石
高 16cm　宽 19cm
戈壁石、红壁石
虎须菖蒲
高 14cm　宽 19cm（连座）

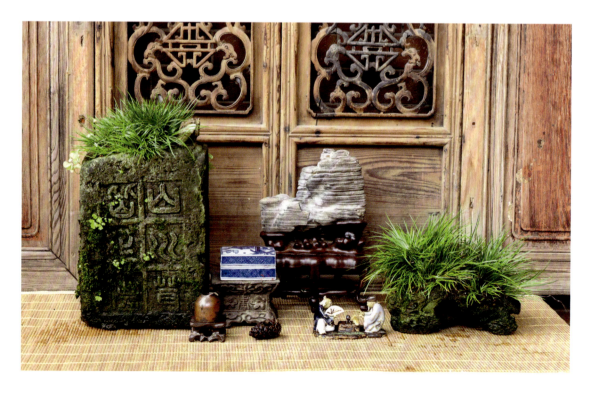

知音
千层石
高 27cm　宽 19cm（连座）
虎须菖蒲

蒲草文心
金钱菖蒲、虎须菖蒲

蒲草延年
虎须菖蒲

后记：一山一树一人生
——记曹克亭先生

一

生活在这个世界，哪天晴，哪天雨，我们不可能知道，就像我们生命里的四季，有曲折和坎坷，也有色彩和风景。

曹克亭老师就是如此。

认识曹老师缘于一次文友聚会。那天我去得较迟，文友向我介绍曹老师，他憨憨地一笑，向我伸出温暖的大手。他着装朴素，话语不多，真诚而平和，谦逊而低调，我们一见如故。

后来再次相见，他一改初时的寡言少语，这次他的话语像一条溪流，时而荡起涟漪，时而掀起波澜，使你不得不对他产生由衷的敬佩。

2021年，曹老师在黄山北海景区观察黄山松生长姿态

后记：一山一树一人生

黄山云海

2005年,曹老师在九华山观摩中华第一松凤凰松

他出生于20世纪40年代,父亲是搬运工,在那贫困的岁月里,他勉强读完了小学,再也没有能力继续上下去了。十三岁那年,他不得不去做一名漆匠学徒工。油漆的气味钻入他的鼻孔,穿越五脏六腑,令年幼的他苦不堪言。但,油漆的各种颜色又使他有一种说不出来的喜欢。随着时间的推移,他不仅适应了油漆的气味,而且对书法与绘画也产生了浓厚的兴趣。他以大地为纸,树枝为笔,书写着自己的快乐,画着自己的童心世界。有一天,他留在村庄土地上的书画"作品"被他师傅发现了,师傅很高兴,把他叫到跟前问,你喜欢书画吗?他向师傅点点头,表示喜欢。从此,师傅耐心地教,他认真地学。不自觉中,他对自己油漆的桌子、凳子、椅子和床等物品,都有了一种无法言表的情感和感动。

十七岁那年,他瞒着父亲报名参军,父亲知道后坚决反对。于是,他找到奶奶并说明自己参军的理由。奶奶听了非常高兴,拉着孙子的手去找儿子。你们凭什么不让我孙子去参军?孙子是属鼠的,鼠该出洞时就得出洞!出洞了才能找到他自己的一片天,一片地,才能有出息!

1965年冬,寒风刺骨,雪纷纷扬扬,他带着自己的梦想和亲人的嘱托,迈着坚定有力的步伐,走进了令他一生荣光的军营。

2018年，曹老师在黄山向同行介绍黄山松生长姿态

曹老师在自家盆景园修剪黑松

二

　　他所在的部队，每年都要到皖南训练，古民居上的石雕、木雕、砖雕，白墙上的画，加上这里的每座房子都有不同的传统文化装饰，蕴含着辉煌灿烂的徽州文化，令他惊讶！令他感叹！令他陷入深深的思考。

　　到皖南，不去黄山是一件令人遗憾的事。登临黄山，白云从他身旁温柔地飘过，丝绸般的云朵在他的头顶舞动。然而，令他感兴趣的却是那里枝干遒劲、姿态万千的松树和松树间千奇百怪的石头。当然，有时，他也会被一棵破石而出的树木深深地感动着。

　　退役后，他工作之余，在坚持书法和绘画艺术探寻的同时，又与石头和盆景结下了不解之缘。他以一颗虔诚的心朝拜每块石头，以一种修行的人生方式不断向大自然学习。他把石头、盆景、绘画、书法作为生命里的四季，让每个"季节"都绵延着一种诗意和浩荡的激情。

　　每个人都有自己的后花园，曹克亭老师也概莫能外。曹老师是一位军人，他把松当作自己的青春色泽和不畏风霜雨雪的精神和力量。于是，他开始了寻找心灵之松的人生旅程。

　　1985年，他来到离家几十里外李楼乡的老山、芦山等，细心观察每棵黑松，渴了喝点井水，饿了忍着。一天、两天、一个月、两个月，他寻到了30棵黑松，如获

神农架神农峰顶千年冷杉

2019年，曹老师在额济纳旗胡杨林参观

黄山北海景区的双松

至宝运回家中，植入盆内，精心管理，细心呵护，每盆松有多少根松针他都知道得一清二楚。可是不久，这些黑松一盆盆地死去，数月的辛劳付之东流。当时，他坚信，一个人只要有梦想，一定能重新起航，不畏暗礁，不畏巨浪。

1985年，一个阳光明媚的早晨，他乘上了开往北京的列车。他来到北京林业大学，拜见我国著名园林植物学家苏雪痕教授。苏教授热情地接待了他。他将30多盆黑松盆景死亡的情况讲述给苏教授听，苏教授听后认真地分析，结果是因为自家的泥土含有不利于黑松生长的因素，问题症结终于找到了。他谢别苏教授后匆匆返回。

回到家，他用自行车从山上驮回来几麻袋沙石土，重新寻找采集黑松，植入盆内。

也许，所有的生命都会死亡，与此同时，大地上也会有另一个生命的诞生，并闪烁属于自己的光芒。

一盆盆新的生命在他的庭院里诞生了。在盆景制作过程中，他遇到问题就虚心向林学教授请教。因而，他制作的盆景，每根枝条，每个叶子，都有了生命的律动，汇集盘旋着绿涛汹涌溅起的光芒。

三

如今，当你走进他家的大门，走过小桥流水，眼前便是生机勃发、造型各异的松的世界，黄山松的气息。有的气势磅礴，有的雄风万里，有的义薄云天，有的俯向大地，有的呼唤故乡……值得一提的是，这几十棵松与他相伴20多年了，每棵松都有他的血汗和体温。置身松间，让生活忙碌的你不会失去心中激荡的诗情画意和追寻的梦想，润泽你的期盼和呼唤！

当我们来到一盆"20多岁"气势磅礴的黑松面前，曹老师向我们讲述了它的故事。20世纪90年代，他到肥东寻找黑松素材，中途突遇大雨，路过一个垃圾堆，看见一株被人丢弃、濒临死亡的黑松，随即捡起用指甲刮了刮枝干，见枝干尚存绿意，便将它带回家中，植入盆内。一天两天，半个月过去了，那盆从风雨中捡来的黑松，却毫无生机。有一天下班回家，猛然发现这棵黑松发芽了！很长时间没喝酒的他取来酒杯，将酒斟满，边饮边与黑松对话。黑松仿佛听懂似的，嫩芽里充满感激的光芒。春去秋来，20余年过去了，这盆黑松生长旺盛，有一种气势磅礴的生命活力。许多人想打它的主意，曹老师就一句话——给再多钱也不卖。

曹老师与黑松的故事感动了许多行业人士，前来讨教的人络绎不绝。其中有一位上海旅美画家对一盆双干黑松深爱有加，他出价3万元想买回。当曹老师得知他家住在楼上，不利于黑松的种植与养护时，便对双干黑松的生命担忧起来。最后，无论那位旅美画家怎么说，曹老师就是不卖。曹老师说："这不是钱的事，这盆黑松跟我几十年了，就像我的孩子。如果你真的喜欢可以搬回家，临摹好了再送回来。"曹老师的真诚和对生命的热爱，深深地感动了那位画家。之后，他们便成了忘年交。画家将有关山水画的知识传授给曹老师，同时在曹老师的盆景世界中感受到了人与自然的真谛，激发了创作灵感。

四

行笔至此，我想说其实人生本无意义，如果说有意义，就是你选择自己喜欢的事，投入极大的热忱和耐心，并持之以恒地坚持着，才能找到属于你的那颗星辰。就像曹老师，他把艺术作为生命里的四季，40年如一日，风风雨雨，翻山越岭，苦苦地追寻着、探索着。皱纹里的春秋写满了他的故事，他现为务本堂松柏石美术馆馆长，中国盆景艺术家协会第六届理事会副会长，中国观赏石一级鉴评师，安徽省美术家协会会员。其制作的盆景《山居图》《黄山魂》《山水清音》《祥云》《心境》等在全国举办的大展中分别荣获金奖、银奖和三等奖。其中，在第三届中国花卉博览会上

《山居图》水旱盆景展出结束后，作为安徽省代表团优秀作品赠送给中南海。他收藏的奇石先后参加第一、二、三、四、五届中国花卉博览会及"中国鼎""中国尊"等国内外盆景奇石国家大展赛，也参加过海峡两岸奇石展、走进奥运奇石展及第三届中国观赏石展等，其作品多次被评为金、银、铜奖。他先后担任北京国际博览会赏石展、澳门回归中国盆景赏石精品展、安徽合肥盆景赏石精品展等评委。他创作的山水画作品多次在国内外展出，并被国际友人收藏。

在他的展馆内，有他亲手培植制作的黑松、榔榆、罗汉松、大阪松、黄杨、三角枫等盆景500多盆；收藏的灵璧石、风砺石、英石等奇石100多方；以展现大美黄山为主的画作100余幅。

中国的传统艺术往往是相通的，"外师造化，中得心源，天人合一"乃是艺术至高世界，曹克亭老师就是将国画意境、盆景艺术、赏石文化融会贯通于一体。中国盆景艺术家协会前会长徐晓白如是说："曹克亭先生的山水画、赏石兼盆景皆能入画来，独树一帜。"其作品《黄山图》入选新中国成立四十周年香港艺术大展。2014年，在黄山市成功举办了"寄情山水，追梦徽州"曹克亭书画展。2018年，于蚌埠图书馆举办"一路山水一路画"曹克亭山水画展、"蒲草汇文"曹克亭菖蒲艺术展。尽管如此，他常常把步履走得平常又平常，身在绿色中，心在云水间，怀揣一份从容悠然于自然山水之间。

世界对每个人都是公平的，你有多少思想，天空就有多少星星为你闪亮。曹老师将石头、盆景、书画作为他生命的四季。他把每个盆景都当作一座山脉，把每块石头都视为一条河流。让每个季节都有自己的智慧和思想，色彩与激流。纵观他的所有作品，均无风格可言，但他的视角和表现手法令你不得不拍手叫绝。也许，没有风格的作品，恰恰是一个时代思考者的心灵与精神风貌的体现，愿曹老师创作出更多的作品，为我们带来更多的启迪和思考。

《皖风文学》主编　刘文书

2024年2月